国家示范性高等职业院校重点建设专业教材

Danpianji Yuanli Yu Kongzhi Jishu

单片机原理与控制技术

（机电一体化技术专业）

主编　吴　赓
主审　姚立纲［福州大学］

人民交通出版社

内容提要

本书是国家示范性高等职业院校重点建设专业教材之一，主要内容围绕C51系列单片机实现两轮移动智能机器人的动作和功能展开。全书共分八章，包括C51单片机概述、C51单片机编程环境与智能机器人、单片机输出接口与伺服电动机控制、C语言函数与机器人巡航控制、单片机输入接口与机器人触觉导航、C51输入/输出接口与红外线导航、机器人的距离检测和LCD应用编程及与机器人的集成技术。

本书适用于高职高专院校机电一体化专业学生使用，亦可作为相关人员的参考书。

图书在版编目(CIP)数据

单片机原理与控制技术／吴庚主编．—北京：人民交通出版社，2009.8

ISBN 978-7-114-07912-2

Ⅰ.单… Ⅱ.吴… Ⅲ.①单片微型计算机－基础理论②单片微型计算机－计算机控制 Ⅳ.TP368.1

中国版本图书馆CIP数据核字(2009)第125821号

国家示范性高等职业院校重点建设专业教材

书　　名：单片机原理与控制技术
著 作 者：吴　赓
责任编辑：蔡　健
出版发行：人民交通出版社
地　　址：(100011)北京市朝阳区安定门外外馆斜街3号
网　　址：http://www.ccpress.com.cn
销售电话：(010)59757973
总 经 销：人民交通出版社股份有限公司发行部
经　　销：各地新华书店
印　　刷：北京市密东印刷有限公司
开　　本：787×1092　1/16
印　　张：10.75
字　　数：272千
版　　次：2009年8月第1版
印　　次：2016年8月第2次印刷
书　　号：ISBN 978-7-114-07912-2
定　　价：29.00元

序

2006 年是中国高等职业教育的春天。这一年,我国教育部、财政部启动了国家示范性高等职业院校建设计划,高等职业教育首次被定性为中国高等教育发展的一种类型。时代赋予了高等职业教育非常广阔的发展空间。

2006 年也是福建交通职业技术学院发展的春天。同年 12 月,这所有着 140 多年办学历史的百年老校,被确定为全国首批国家示范性高等职业院校建设单位。这对学校而言,是荣誉更是责任,是挑战更是压力。

国家示范性院校建设的核心是专业建设,而课程和教材又是专业建设的重要内容之一。如何通过课程的建构来推动人才培养模式的改革和创新?教材编写工作又如何与学校人才培养模式和课程体系改革相结合?如何实现课程内容适合高素质技能型人才的培养?这均是我院示范性建设中的重要命题。

难能可贵的是,三年来,在全体教职员工的不懈努力下,我院 8 个重点建设专业(6 个为中央财政支持的重点建设专业)在实验实训条件建设、师资队伍建设、人才培养模式与课程体系改革等方面,都取得了突破性的进展。

更令人欣慰的是,我院教师历经三年的不断探索和实践,为我院的教材建设作出了功不可没的成绩。一系列即将在人民交通出版社出版的国家示范性高等职业院校重点建设专业教材,就是我院部分成果的体现。在这些教材中,既有工学结合的核心课程教材,也有专业基础课程教材。无论是哪种类型的教材,在编写中,我院都强调对教材内容的改革与创新,强调示范性院校专业建设成果在教材中的固化,强调教材为高素质技能型人才培养服务,强调教材的职业适应性。因为新教材的使用,必须根植于教学改革的成果之上,反过来又促进教学改革目标的实现,推进高职教育人才培养模式改革。

培养社会所需要的人,是我院一直不懈的努力方向,而这些教材就是我们努力前行的足迹。

在这些教材的编写过程中,也倾注了相关企业有关专家的大量心血和辛勤劳动,在此谨向他们表示衷心的感谢!

福建交通职业技术学院院长
福州大学博士生导师

前　　言

单片机是机电一体化系统必不可少的重要的计算机控制元件，在现代机电一体化系统中得到了广泛的应用。因此机电一体化专业必须学习单片机原理及其控制技术这门重要的专业课程。本书作为一本关于单片机原理及控制技术的高职高专类教学课本，从讲授 MCS-51 单片机的硬件结构开始，以提高学生动手能力为主线，注重基本原理的掌握和实际应用的训练，充分体现了高等职业教育的特点，着眼于高职高专为生产一线培养技术应用型人才的目标；在介绍单片机基础知识的同时，从学生学习的方便和使用软件的系统性考虑，选择 C51 语言作为单片机的编程语言，为学生深层次的继续学习提供技术手段。另外，本书还给出了实用性很强的附录，以帮助教学和学习。

本书共分为 8 章。第 1 章介绍了单片机的硬件结构，为后继的单片机编程提供基础。第 2 章介绍单片机的载体机器人的安装和软件的安装。第 3 ~ 8 章利用基于工作过程的项目教学法展开单片机编程和应用教学，通过由浅入深的教学使学生利用机器人这个载体逐步掌握单片机控制技术。

本书是和具体的实物载体——简单的行走机器人配合在一起教学的。大部分的教学过程都是在实验室进行的，学生动手的时间多于教师教学的时间。通过实际的动手组装和编程，在开发教学机器人的过程中学习单片机的原理和控制方法，并获得系统开发的技能。这样有利于提高高职高专学生的学习兴趣，符合高职高专学生的特点和素质。

本书的编排也从好教、易学和实用的原则出发，先介绍单片机的硬件结构和原理，C 语言的语法，再根据实例进行教学。在内容上按照 One-By-One 的编排方式，对操作过程和项目逐步地介绍，便于学生由浅入深的学习，同时也便于学生自学和预习，符合教学规律。本书也希望学生能够在学习过程中只要有一台电脑、一个机器人和相关的软件就可以使用本教材，在不提问或少提问的环境下，独自的掌握单片机控制技术，并能进行简单的实用性设计。

本书由福建交通职业技术学院吴赓讲师主编和统稿，由福州大学姚立纲教授对本书进行了审阅。在此对深圳鸥鹏科技有限公司秦志强博士给予的支持和帮助表示感谢。

本书可作为高等职业技术学院、高等专科学校、成人高校的电类、机电类专业的教材，还可供中等职业技术学校电专业使用，同时也适合有关工程技术人员自学和参考。

读懂书不易，写书更难，要想在短时间内写出一本令教学各方面都很满意的好教材可谓是难上加难。由于篇幅和作者水平的限制，书中难免有一些缺点和问题，与单片机相关的内容也不可能面面俱到，欢迎使用本教材的教师和读者给予批评指正。

另外，需要电子课件的读者可以在福建交通职业技术学院的网页上下载。

下载地址：http://www.fjcpc.edu.cn/。

编　者

2009 年 7 月

目　　录

第1章　C51单片机概述

1.1　单片机及单片机应用系统

1.1.1　微型计算机及微型计算机系统

微型计算机(Microcomputer)简称微机,是计算机的一个重要分支。人们通常按照计算机的体积、性能和应用范围等条件,将计算机分为巨型机、大型机、中型机、小型机和微型机等。微型计算机不但具有其他计算机快速、精确、程序控制等特点,而且还具有体积小、重量轻、功耗低、价格便宜等优点。个人计算机简称PC(Personal Computer)机,是微型计算机中应用最为广泛的一种,也是近年来计算机领域中发展最快的一个分支,由于PC机在性能和价格方面适合个人用户购买和使用,目前,它已经像普通家电一样深入到了家庭和社会生活的各个方面。

微型计算机系统由硬件系统和软件系统两大部分组成。

硬件系统是指构成微机系统的实体和装置,通常由运算器、控制器、存储器、输入接口电路和输入设备、输出接口电路和输出设备等组成。其中,运算器和控制器一般做在一个集成芯片上,统称中央处理单元(Central Processing Unit),简称CPU。CPU是微机的核心部件,与存储器、输入/输出(Input/Output,简称I/O)接口电路及外部设备一起构成微机的硬件系统。

软件系统是指微机系统所使用的各种程序的总称。软件的主体驻留在存储器中。人们通过它对整机进行控制并与微机系统进行信息交换,使微机按照人的意图完成预定的任务。

硬件系统与软件系统共同构成实用的微机系统,两者是相辅相成、缺一不可的。

微型计算机系统组成示意图如图1-1所示。

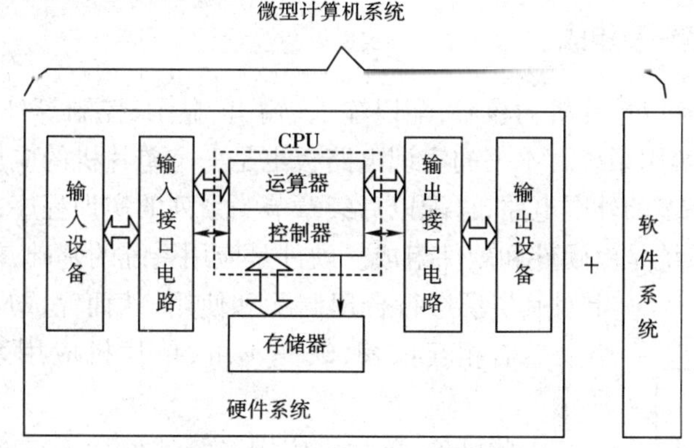

图1-1　微型计算机系统组成示意图

下面把组成计算机的五个基本部件作简单说明。

1)运算器

运算器是计算机的运算部件,用于实现算术和逻辑运算。计算机的数据运算和处理都在这里进行。

2）控制器

控制器是计算机的指挥控制部件，作用是使计算机各部分能自动协调地工作。运算器和控制器是计算机的核心部分，合在一起称为中央处理器，简称 CPU。

3）存储器

存储器是计算机的记忆部件，用于存放程序和数据。存储器又分为随机存储器（RAM）和只读存储器（ROM）。RAM 用来保存计算的中间过程的数据，ROM 用来保存程序指令和常用的数表。

4）输入设备

输入设备用于将程序和数据输入到计算机中，常用的如键盘。

5）输出设备

输出设备用于把计算机数据计算或加工的结果，以用户需要的形式显示或保存，如显示器、打印机。

通常把外存储器、输入设备和输出设备合在一起称之为计算机的外部设备，简称“外设”。

1.1.2 单片微型计算机

单片微型计算机是指集成在一个芯片上的微型计算机，也就是把组成微型计算机的各种功能部件，包括 CPU、RAM（Random Access Memory）、ROM（Read-only Memory）、基本输入/输出（Input/Output）接口电路、定时器/计数器等部件制作在一块集成芯片上，通过数据总线和地址总线相联系而构成一个完整的微型计算机，从而实现微型计算机的基本功能。单片机内部结构示意图如图 1-2 所示。

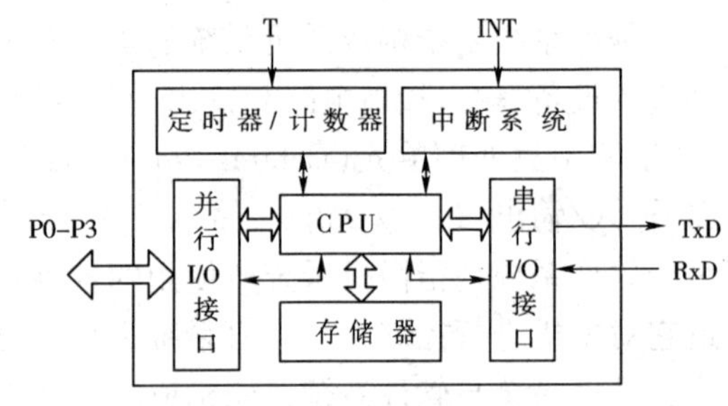

图 1-2 单片机内部结构示意图

单片机实质上是一个硬件的芯片。在实际应用中，通常很难直接和被控对象进行电气连接，必须外加各种扩展接口电路、外部设备、被控对象等硬件和软件，才能构成一个单片机应用系统。

1.1.3 单片机应用系统及组成

单片机应用系统是以单片机为核心，配以输入、输出、显示、控制等外围电路和软件，能实现一种或多种功能的实用系统。本书的实训电路板也是一个单片机的应用系统。它除了有单片机芯片以外，还有许多的外围电路，再配以后续章节一系列的实训程序，可以完成很多功能。所以说，单片机应用系统是由硬件和软件组成。硬件是应用系统的基础，软件是在硬件的基础上对其资源进行合理调配和使用，从而完成应用系统所要求的任务。二者相互依赖，缺一不可，单片机应用系统的组成如图 1-3 所示。

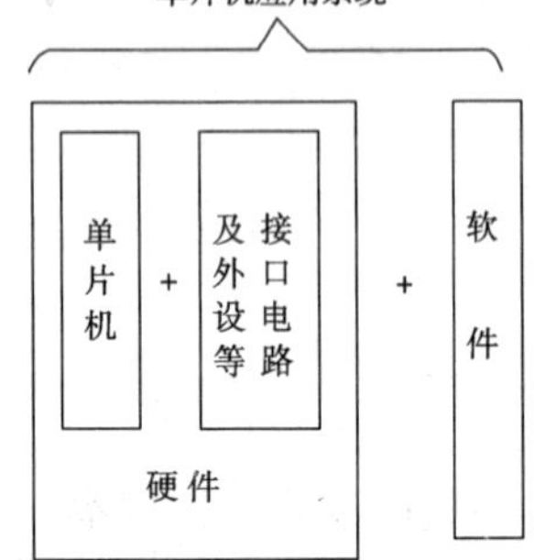

图 1-3 单片机应用系统的组成

由此可见，单片机应用系统的设计人员必须从硬件和软件两个角度来深入了解单片机，并能够将二者有机结合起来，才能形成具有特定功能的应用系统或整机产品。

自从 1974 年美国 Fairchild 公司研制出第一台单片机 F8 之后，迄今为止，单片机经历了由 4 位机到 8 位机再到 16 位机的发展过程。单片机制造商很多，主要有美国的 Intel、Motorola、ATMEL

等公司。目前单片机正朝着高性能、多品种方向发展。近年来32位单片机已进入了实用阶段。但是由于8位单片机从性能价格比上占有优势,而且8位增强型单片机在速度和功能上不亚于16位单片机,因此在未来相当长的时期内,8位单片机仍是单片机的主流机型。

1.2 MCS-51 单片机系列

尽管各类单片机很多,但无论是从世界范围或是从国内范围来看,使用最为广泛的应属MCS-51单片机。基于这一事实,本书以应用最为广泛的MCS-51系列八位单片机(8031、8051、8751等)为研究对象,介绍单片机的硬件结构、工作原理及应用系统的设计。

MCS-51单片机系列共有十几种芯片,如表1-1所列。

MCS-51 系列单片机分类表　　表1-1

子系列	片内ROM形式			片内ROM容量	片内RAM容量	寻址范围	I/O特性			中断源
	无	ROM	EPROM				计数器	并行口	串行口	
51子系列	8031	8051	8751	4kB	128B	2×64kB	2×16	4×8	1	5
	80C31	80C51	87C51	4kB	128B	2×64kB	2×16	4×8	1	5
52子系列	8032	8052	8752	8kB	256B	2×64kB	3×16	4×8	1	6
	80C32	80C52	87C52	8kB	256B	2×64kB	3×16	4×8	1	6

表1-1中列出了MCS-51单片机系列的芯片型号以及它们的技术性能指标。下面将在这个表的基础上对MCS-51系列单片机进一步加以说明。

1.2.1 51子系列和52子系列

MCS-51系列又分为51和52两个子系列,并以芯片型号的最末位数字作为标志。其中51子系列是基本型,而52子系列则属增强型。52子系列功能增强的方面,从表1-1所列内容中可以看出:

(1)片内ROM从4kB增加到8kB。

(2)片内RAM从128B增加到256B。

(3)定时器/计数器从2个增加到3个。

(4)中断源从5个增加到6个。

在52子系列的内部ROM中以掩膜方式集成有8kB BASIC解释程序,这就是通常所说的8052-BASIC。这意味着单片机已可以使用高级语言。该BASIC与基本BASIC相比,增加了一些控制语句,以满足单片机作为控制机的需要。

1.2.2 单片机芯片半导体工艺

MCS-51系列单片机采用两种半导体工艺生产。一种是HMOS工艺,即高速度高密度短沟道MOS工艺。另外一种是CHMOS工艺,即互补金属氧化物的HMOS工艺。表1-1芯片型号中带有字母"C"为CHMOS芯片,其余均为一般的HMOS芯片。

CHMOS是CMOS和HMOS的结合,除保持了HMOS高速度和高密度的特点之外,还具有CMOS低功耗的特点。例如,8051的功耗为630mW,而80C51的功耗只有120mW。在便携式、手提式或野外作业仪器设备上低功耗是非常有意义的。因此在这些产品中必须使用CHMOS的单片机芯片。

1.2.3 片内 ROM 存储器配置形式

MCS-51 单片机片内程序存储器有三种配置形式,即:掩膜 ROM、EPROM 和无 ROM。这三种配置形式对应三种不同的单片机芯片。它们各有特点,也各有其适用场合。在使用时应根据需要进行选择。一般情况下,片内带掩膜型 ROM 适应于定型大批量应用产品的生产;片内带 EPROM 适合于研制产品样机;外接 EPROM 的方式适用于研制新产品。Intel 公司还推出片内带 EEPROM 型的单片机,可以在线写入程序。

1.2.4 C51 系列单片机

提到单片机,经常听到这样一些名词:MCS-51、8051、C51 等。它们之间究竟是什么关系呢?

MCS-51 是指由美国 Intel 公司生产的一系列单片机的总称。这一系列单片机包括了许多品种,如 8031、8051、8751 等,其中 8051 是最典型的产品。该系列单片机都是在 8051 的基础上进行功能的增、减而改变来的,所以人们习惯于用 8051 来称呼 MCS-51 系列单片机。

Intel 公司将 MCS-51 的核心技术授权给了很多公司,所以有很多公司在做以 8051 为核心的单片机。当然功能或多或少有些改变,以满足不同的需求。其中较典型的一款单片机 AT89C51(简称 C51)由美国 ATMEL 公司以 8051 为内核开发生产。本教材使用的 AT89S52 单片机是在此基础上改进而来。

AT89S52 是一种高性能、低功耗的 8 位单片机,内含 8kB,有 ISP(In-system Programmable,系统在线编程)可反复擦写 1000 次的 FLASH 只读程序存储器。器件采用 ATMEL 公司的高密度、非易失性存储技术制造,兼容标准 MCS-51 指令系统及其引脚结构。在实际工程应用中,功能强大的 AT89S52 已成为许多高性价比嵌入式控制应用系统的解决方案。

1.3 MCS-51 单片机结构和原理

尽管单片机比较简单,但要按五个基本组成部件来讲单片机的硬件结构和原理,也将是一件十分复杂的事,也没有这种必要。因此,通常讲述单片机结构原理时,总是从实际需要出发,只介绍与程序设计和系统扩展应用有关的内容。

1.3.1 MCS-51 单片机的内部组成及信号引脚

MCS-51 单片机的典型芯片是 8031、8051、8751。8051 内部有 4kB ROM,8751 内部有 4kB EPROM,8031 片内无 ROM。除此之外,三者的内部结构及引脚完全相同。因此以 8051 为例,说明本系列单片机的内部组成及信号引脚。

1.3.1.1 8051 单片机的基本组成

8051 单片机的基本组成请参见图 1-4。各部分情况介绍如下:

1)中央处理器(CPU)

中央处理器是单片机的核心,完成运算和控制功能。MCS-51 的 CPU 能处理 8 位二进制数或代码。

2)内部数据存储器(内部 RAM)

8051 芯片中共有 256 个 RAM 单元。但其中后 128 个单元被专用寄存器占用,能作为寄存器供用户使用的只有前 128 个单元,用于存放可读写的数据。因此通常所说的内部数据存储器就是指前 128 个单元,简称内部 RAM。

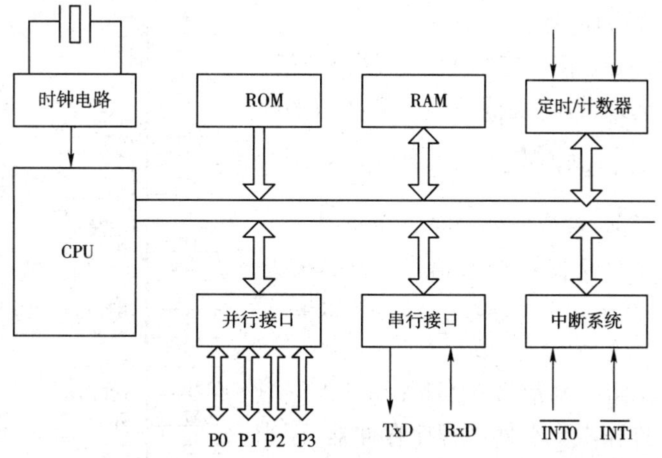

图 1-4　MCS-51 单片机结构框图

3)内部程序存储器(内部 ROM)

8051 共有 4kB 掩膜 ROM,用于存放程序、原始数据或表格,因此称为程序存储器,简称内部 ROM。

4)定时器/计数器

8051 共有 2 个 16 位的定时器/计数器,以实现定时或计数功能,并以其定时或计数结果对计算机进行控制。

5)并行 I/O 口

MCS-51 共有四个 8 位的 I/O 口(P0、P1、P2、P3),以实现数据的并行输入/输出。在实训中我们会使用 P1 口,通过 P1 口连接 8 个发光二极管。

6)串行口

MCS-51 单片机有一个全双工的串行口,以实现单片机和其他设备之间的串行数据传送。该串行口功能较强,既可作为全双工异步通信收发器使用,也可作为同步移位器使用。

7)中断控制系统

MCS-51 单片机的中断功能较强,以满足控制应用的需要。8051 共有 5 个中断源,即外中断 2 个,定时/计数中断 2 个,串行中断 1 个。全部中断分为高级和低级共两个优先级别。

8)时钟电路

MCS-51 芯片的内部有时钟电路,但石英晶体和微调电容需外接。时钟电路为单片机产生时钟脉冲序列。系统允许的晶振频率一般为 6MHz 和 12MHz。

从上述内容可以看出,MCS-51 虽然是一个单片机芯片,但作为计算机应该具有的基本部件它都包括。因此实际上它已是一个简单的微型计算机系统了。

1.3.1.2　MCS-51 的信号引脚

MCS-51 是标准的 40 引脚双列直插式集成电路芯片,引脚排列请参见图 1-5。

1)信号引脚介绍

P0.0 ～ P0.7:P0 口 8 位双向口线。

P1.0 ～ P1.7:P1 口 8 位双向口线。

P2.0 ~ P2.7:P2 口 8 位双向口线。

P3.0 ~ P3.7:P3 口 8 位双向口线。

ALE:地址锁存控制信号。

在系统扩展时,ALE 用于控制把 P0 口输出的低 8 位地址锁存器锁存起来,以实现低位地址和数据的隔离。此外由于 ALE 是以晶振$\frac{1}{6}$的固定频率输出的正脉冲,因此可作为外部时钟或外部定时脉冲使用。

$\overline{PSEN}$:外部程序存储器读选通信号。在读外部 ROM 时$\overline{PSEN}$有效(低电平),以实现外部 ROM 单元的读操作。

$\overline{EA}$:访问程序存储控制信号。当$\overline{EA}$信号为低电平时,对 ROM 的读操作限定在外部程序存储器;而当$\overline{EA}$信号为高电平时,则对 ROM 的读操作是从内部程序存储器开始,并可延至外部程序存储器。

RST:复位信号。当输入的复位信号延续两个机器周期以上高电平即为有效,用以完成单片机的复位初始化操作。

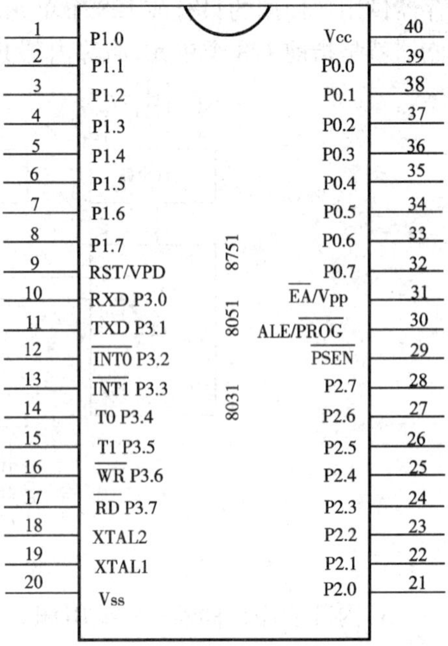

图 1-5　MCS-51 引脚图

XTAL1 和 XTAL2 :外接晶体引线端。当使用芯片内部时钟时,此两引线端用于外接石英晶体和微调电容;当使用外部时钟时,用于接外部时钟脉冲信号。

Vss:地线。

Vcc: +5V 电源。

以上是 MCS-51 单片机芯片 40 条引脚的定义及简单功能说明。读者可以对照实训电路找到相应引脚,在电路中查看每个引脚的连接与使用。

2)信号引脚的第二功能

由于工艺及标准化等原因,芯片的引脚数目是有限制的。例如 MCS-51 系列把芯片引脚数目限定为 40 条,但单片机为实现其功能所需要的信号数目却远远超过此数。因此就出现了需求的信号数目与引脚数目的矛盾。如何解决这个矛盾?"兼职"是唯一可行的办法,即给一些信号引脚赋以双重功能。如果把前述的信号定义为引脚第一功能的话,则根据需要再定义的信号就是它的第二功能。下面介绍一些信号引脚的第二功能。

(1)P3 口线的第二功能。

P3 的 8 条口线都定义有第二功能,详见表 1-2。

P3 口各引脚的第二功能表　　表 1-2

引　脚	第二功能	信号名称
P3.0	RXD	串行数据接收
P3.1	TXD	串行数据发送
P3.2	$\overline{INT0}$	外部中断 0 申请
P3.3	$\overline{INT1}$	外部中断 1 申请
P3.4	T0	定时器/计数器 0 的外部输入
P3.5	T1	定时器/计数器 1 的外部输入
P3.6	$\overline{WR}$	外部 RAM 写选通
P3.7	$\overline{RD}$	外部 RAM 读选通

(2)EPROM 存储器程序固化所需要的信号。

有内部 EPROM 的单片机芯片(例如 8751),为写入程序需提供专门的编程脉冲和编程电源,这些信号也是由信号引脚以第二功能的形式提供的,即:

编程脉冲:30 脚(ALE/PROG)

编程电压(25V):31 脚($\overline{EA}$/Vpp)

(3)备用电源引入。

MCS-51 单片机的备用电源也是以第二功能的方式由 9 脚(RST/VPD)引入的。当电源发生故障电压降低到下限值时,备用电源经此端向内部 RAM 提供电压,以保护内部 RAM 中的信息不丢失。

以上把 MCS-51 单片机的全部信号,分别以第一功能和第二功能的形式列出。对于各种型号的芯片,其引脚的第一功能信号是相同的,所不同的只是引脚的第二功能信号。

对于 9、30 和 31 三个引脚,由于第一功能信号与第二功能信号是单片机在不同工作方式下的信号,因此不会发生使用上的矛盾。但是 P3 口的情况却有所不同,它的第二功能信号都是单片机的重要控制信号。因此在实际使用时,都是先按需要选用第二功能信号,剩下的才以第一功能的身份作数据位的输入/输出使用。

1.3.2 MCS-51 内部数据存储器

MCS-51 单片机的芯片内部有 RAM 和 ROM 两类存储器,即所谓的内部 RAM 和内部 ROM。首先分析内部 RAM。

1.3.2.1 内部数据存储器低 128 单元

8051 的内部 RAM 共有 256 个单元,通常把这 256 个单元按其功能划分为两部分:低 128 单元(单元地址 00H ~ 7FH)和高 128 单元(单元地址 80H ~ FFH)。低 128 单元的配置图如表 1-3 所示。

片内 RAM 的配置 表 1-3

30H ~7FH	数据缓冲区	10H ~17H	工作寄存器 2 区(R7 ~ R0)
20H ~2FH	位寻址区(00H ~7FH)	08H ~0FH	工作寄存器 1 区(R7 ~ R0)
18H ~1FH	工作寄存器 3 区(R7 ~ R0)	00H ~07H	工作寄存器 0 区(R7 ~ R0)

低 128 单元是单片机的真正 RAM 存储器,按其用途划分为三个区域:

1)寄存器区

共有四组寄存器,每组 8 个寄存单元(各为 8 位),各组都以 R0 ~ R7 作寄存单元编号。寄存器常用于存放操作数及中间结果等。由于它们的功能及使用不作预先规定,因此称为通用寄存器,有时也叫工作寄存器。四组通用寄存器占据内部 RAM 的 00H ~ 1FH 单元地址。

在任一时刻,CPU 只能使用其中的一组寄存器,并且把正在使用的那组寄存器称为当前寄存器组。到底是哪一组,由程序状态字寄存器 PSW 中 RS_1、RS_0 位的状态组合来决定。

通用寄存器为 CPU 提供了就近存储数据的便利,有利于提高单片机的运算速度。此外,使用通用寄存器还能提高程序编制的灵活性。因此在单片机的应用编程中应充分利用这些寄存器,以简化程序设计,提高程序运行速度。

2)位寻址区

内部 RAM 的 20H ~ 2FH 单元,既可作为一般 RAM 单元使用,进行字节操作,也可以对单元中每一位进行位操作,因此把该区称之为位寻址区。位寻址区共有16个RAM单元,计128位,位地址为00H~7FH。MCS-51具有布尔处理机功能,这个位寻址区可以构成布尔处理机的存储空间。这种位寻址能力是MCS-51的一个重要特点。表1-4为位寻址区的位地址表。

片内RAM位寻址区的位地址 表1-4

单元地址	MSB			位地址				LSB
2FH	7F	7E	7D	7C	7B	7A	79	78
2EH	77	76	75	74	73	72	71	70
2DH	6F	6E	6D	6C	6B	6A	69	68
2CH	67	66	65	64	63	62	61	60
2BH	5F	5E	5D	5C	5B	5A	59	58
2AH	57	56	55	54	53	52	51	50
29H	4F	4E	4D	4C	4B	4A	49	48
28H	47	46	45	44	43	42	41	40
27H	3F	3E	3D	3C	3B	3A	39	38
26H	37	36	35	34	33	32	31	30
25H	2F	2E	2D	2C	2B	2A	29	28
24H	27	26	25	24	23	22	21	20
23H	1F	1E	1D	1C	1B	1A	19	18
22H	17	16	15	14	13	12	11	10
21H	0F	0E	0D	0C	0B	0A	09	08
20H	07	06	05	04	03	02	01	00

3)用户RAM区

在内部RAM低128单元中,通用寄存器占去32个单元,位寻址区占去16个单元,剩下80个单元,就是供用户使用的一般RAM区,其单元地址为30H~7FH。

对用户RAM区的使用没有任何规定或限制。但在一般应用中常把堆栈开辟在此区中。

1.3.2.2 内部数据存储器高128单元

内部RAM的高128单元是供给特殊寄存器专用的,其单元地址为80H~FFH。因这些寄存器的功能已作专门规定,故而称为专用寄存器(Special Function Register),也可称为特殊功能寄存器。

1)特殊功能寄存器(SFR)简介

8051共有21个专用寄存器,现把其中部分寄存器简单介绍如下:

(1)程序计数器PC(Program Counter)。

在实训中,我们已经知道PC是一个16位的计数器,它的作用是控制程序的执行顺序。其内容为将要执行指令的地址,寻址范围达64kB。PC有自动加1功能,从而实现程序的顺序执行。PC没有地址,是不可寻址的。因此用户无法对它进行读写。但可以通过转移、调用、返回等指令改变其内容,以实现程序的转移。因地址不在SFR之内,一般不计作专用寄存器。

(2)累加器ACC(Accumulator)。

累加器为8位寄存器,是最常用的专用寄存器,功能较多,地位重要。它既可用于存放操作数,也可用来存放运算的中间结果。MCS-51单片机中大部分单操作数指令的操作数就取自累加器。许多双操作数指令中的一个操作数也取自累加器。

(3)B 寄存器。

B 寄存器是一个 8 位寄存器,主要用于乘除运算。乘法运算时,B 是乘数。乘法操作后,乘积的高 8 位存于 B 中。除法运算时,B 是除数。除法操作后,余数存于 B 中。此外,B 寄存器也可作为一般数据寄存器使用。

(4)程序状态字 PSW(Program Status Word)。

程序状态字是一个 8 位寄存器,用于存储程序运行中的各种状态信息。其中有些位状态是根据程序执行结果由硬件自动设置的,而有些位状态则使用软件方法设定。PSW 的位状态可以用专门指令进行测试,也可以用指令读出。一些条件转移指令将根据 PSW 有些位的状态,进行程序转移。PSW 的各位定义如表 1-5。

PSW 的各定义位 表 1-5

D7H	D6H	D5H	D4H	D3H	D2H	D1H	D0H
CY	AC	F0	RS_1	RS_0	OV	F1	P

除 F1(PSW.1)位保留未用外,对其余各位的定义及使用介绍如下:

CY(PSW.7)——进位标志位。CY 是 PWS 中最常用的标志位,其功能有两个:一是存放算术运算的进位标志,在进行加或减运算时,如果操作结果最高位有进位或借位时,CY 由硬件置“1”,否则清“0”;二是在位操作中,作累加位使用。位传送、位与位或等位操作,操作位之一固定是进位标志位。

AC(PSW.6)——辅助进位标志位。在进行加减运算中,当有低 4 位向高 4 位进位或借位时,AC 由硬件置“1”,否则 AC 位被清“0”。在 BCD 码调整中也要用到 AC 位状态。

F0(PSW.5)——用户标志位。这是一个供用户定义的标志位,需要利用软件方法置位或复位,用以控制程序的转向。

RS_1 和 RS_0(PSW.4,PSW.3)——寄存器组选择位。用于选择 CPU 当前工作的通用寄存器组。通用寄存器共有四组,其对应关系如表 1-6。

通用寄存器组的选择 表 1-6

RS_1	RS_0	寄存器组	片内 RAM 地址	RS_1	RS_0	寄存器组	片内 RAM 地址
0	0	第 0 组	00H ~ 07H	1	0	第 2 组	10H ~ 17H
0	1	第 1 组	08H ~ 0FH	1	1	第 3 组	18H ~ 1FH

这两个选择位的状态是由软件设置的,被选中的寄存器组即为当前通用寄存器组。但当单片机上电或复位后,RS_1 RS_0 = 00。

OV(PSW.2)——溢出标志位。在带符号数加减运算中,OV = 1 表示加减运算超出了累加器 A 所能表示的符号数有效范围(-128 ~ +127),即产生了溢出,因此运算结果是错误;否则,OV = 0 表示运算正确,即无溢出产生。

在乘法运算中,OV = 1 表示乘积超过 255,即乘积分别在 B 与 A 中;否则,OV = 0,表示乘积只在 A 中。

在除法运算中,OV = 1 表示除数为 0,除法不能进行;否则,OV = 0,除数不为 0,除法可正常进行。

P(PSW.0)——奇偶标志位。表明累加器 A 内容的奇偶性。如果 A 中有奇数个“1”,则 P 置“1”,否则置“0”。凡是改变累加器 A 中内容的指令均会影响 P 标志位。

此标志位对串行通信中的数据传输有重要的意义。在串行通信中常采用奇偶校验的办法来校验数据传输的可靠性。

(5)数据指针(DPTR)。

数据指针为16位寄存器,它是MCS-51中一个16位寄存器。编程时,DPTR既可以按16位寄存器使用,也可以按两个8位寄存器分开使用,即:

DPH　　DPTR高位字节

DPL　　DPTR低位字节

DPTR通常在访问外部数据存储器时作地址指针使用,由于外部数据存储器的寻址范围为64kB,故把DPTR设计为16位。

(6)堆栈指针SP(Stack Pointer)。

堆栈是一个特殊的存储区,用来暂存数据和地址。它是按“先进后出”的原则存取数据的。堆栈共有两种操作:进栈和出栈。

MCS-51单片机由于堆栈设在内部RAM中,因此SP是一个8位寄存器。系统复位后,SP的内容为07H,使得堆栈实际上从08H单元开始。但08H～1FH单元分别属于工作寄存器1～3区,如程序中要用到这些区,则最好把SP值改为1FH或更大的值。一般的说,堆栈最好在内部RAM的30H～7FH单元中开辟。SP的内容一经确定,堆栈的位置也就跟着确定下来,由于SP可初始化为不同值,因此堆栈位置是浮动的。

此处只集中讲述了六个专用寄存器,其余的专用寄存器(如TCON、TMOD、IE、IP、SCON、PCON、SBUF等)将在以后章节中陆续介绍。

2)特殊寄存器中的字节寻址和位地址

MCS-51系列单片机有21个可寻址的专用寄存器,其中有11个专用寄存器是可以位寻址的。下面把各寄存器的字节地址及位地址一并列于表1-7。

对专用寄存器的字节寻址问题作如下几点说明:

(1)21个可字节寻址的专用寄存器是不连续地分散在内部RAM高128单元之中,尽管还余有许多空闲地址,但用户并不能使用。

(2)程序计数器PC不占据RAM单元,它在物理上是独立的,因此是不可寻址的寄存器。

(3)对专用寄存器只能使用直接寻址方式,书写时既可使用寄存器符号,也可使用寄存器单元地址。

表1-7中凡字节地址不带括号的寄存器都是可进行位寻址的寄存器,而带括号的是不可位寻址的寄存器。全部专用寄存器可寻址的位共83位,这些位都具有专门的定义和用途。这样加上位寻址区的128位,在MCS-51的内部RAM中共有128+83=211个可寻址位。

1.3.3 MCS-51内部程序存储器

MCS-51的程序存储器用于存放编好的程序和表格常数。8051片内有4kB的ROM,8751片内有4kB的EPROM,8031片内无程序存储器。MCS-51的片外最多能扩展64kB程序存储器,片内外的ROM是统一编址的。如$\overline{EA}$端保持高电平,8051的程序计数器PC在0000H～0FFFH地址范围内(前4kB地址)是执行片内ROM中的程序;当PC在1000H～FFFFH地址范围时,自动执行片外程序存储器中的程序。当$\overline{EA}$保持低电平时,只能寻址外部程序存储器。片外存储器可以从0000H开始编址。

MCS-51的程序存储器中有些单元具有特殊功能,使用时应予以注意。

MCS-51 专用寄存器地址表　　表 1-7

<table>
<tr><td>SFR</td><td>MSB</td><td colspan="6">位地址/位定义</td><td>LSB</td><td>字节地址</td></tr>
<tr><td>B</td><td>F7</td><td>F6</td><td>F5</td><td>F4</td><td>F3</td><td>F2</td><td>F1</td><td>F0</td><td>F0H</td></tr>
<tr><td>ACC</td><td>E7</td><td>E6</td><td>E5</td><td>E4</td><td>E3</td><td>E2</td><td>E1</td><td>E0</td><td>E0H</td></tr>
<tr><td rowspan="2">PSW</td><td>D7</td><td>D6</td><td>D5</td><td>D4</td><td>D3</td><td>D2</td><td>D1</td><td>D0</td><td rowspan="2">D0H</td></tr>
<tr><td>CY</td><td>AC</td><td>F0</td><td>RS_1</td><td>RS_0</td><td>OV</td><td>F1</td><td>P</td></tr>
<tr><td rowspan="2">IP</td><td>BF</td><td>BE</td><td>BD</td><td>BC</td><td>BB</td><td>BA</td><td>B9</td><td>B8</td><td rowspan="2">B8H</td></tr>
<tr><td>—</td><td>—</td><td>—</td><td>PS</td><td>PT1</td><td>PX1</td><td>PT0</td><td>PX0</td></tr>
<tr><td rowspan="2">P3</td><td>B7</td><td>B6</td><td>B5</td><td>B4</td><td>B3</td><td>B2</td><td>B1</td><td>B0</td><td rowspan="2">B0H</td></tr>
<tr><td>P3.7</td><td>P3.6</td><td>P3.5</td><td>P3.4</td><td>P3.3</td><td>P3.2</td><td>P3.1</td><td>P3.0</td></tr>
<tr><td rowspan="2">IE</td><td>AF</td><td>AE</td><td>AD</td><td>AC</td><td>AB</td><td>AA</td><td>A9</td><td>A8</td><td rowspan="2">A8H</td></tr>
<tr><td>EA</td><td>—</td><td>—</td><td>ES</td><td>ET1</td><td>EX1</td><td>ET0</td><td>EX0</td></tr>
<tr><td rowspan="2">P2</td><td>A7</td><td>A6</td><td>A5</td><td>A4</td><td>A3</td><td>A2</td><td>A1</td><td>A0</td><td rowspan="2">A0H</td></tr>
<tr><td>P2.7</td><td>P2.6</td><td>P2.5</td><td>P2.4</td><td>P2.3</td><td>P2.2</td><td>P2.1</td><td>P2.0</td></tr>
<tr><td>SBUF</td><td></td><td></td><td></td><td></td><td></td><td></td><td></td><td></td><td>(99H)</td></tr>
<tr><td rowspan="2">SCON</td><td>9F</td><td>9E</td><td>9D</td><td>9C</td><td>9B</td><td>9A</td><td>99</td><td>98</td><td rowspan="2">98H</td></tr>
<tr><td>SM0</td><td>SM1</td><td>SM2</td><td>REN</td><td>TB8</td><td>RB8</td><td>TI</td><td>RI</td></tr>
<tr><td rowspan="2">P1</td><td>97</td><td>96</td><td>95</td><td>94</td><td>93</td><td>92</td><td>91</td><td>90</td><td rowspan="2">90H</td></tr>
<tr><td>P1.7</td><td>P1.6</td><td>P1.5</td><td>P1.4</td><td>P1.3</td><td>P1.2</td><td>P1.1</td><td>P1.0</td></tr>
<tr><td>TH1</td><td></td><td></td><td></td><td></td><td></td><td></td><td></td><td></td><td>(8DH)</td></tr>
<tr><td>TH0</td><td></td><td></td><td></td><td></td><td></td><td></td><td></td><td></td><td>(8CH)</td></tr>
<tr><td>TL1</td><td></td><td></td><td></td><td></td><td></td><td></td><td></td><td></td><td>(8BH)</td></tr>
<tr><td>TL0</td><td></td><td></td><td></td><td></td><td></td><td></td><td></td><td></td><td>(8AH)</td></tr>
<tr><td>TMOD</td><td>GAT</td><td>C/T</td><td>M1</td><td>M0</td><td>GAT</td><td>C/T</td><td>M1</td><td>M0</td><td>(89H)</td></tr>
<tr><td rowspan="2">TCON</td><td>8F</td><td>8E</td><td>8D</td><td>8C</td><td>8B</td><td>8A</td><td>89</td><td>88</td><td rowspan="2">88H</td></tr>
<tr><td>TF1</td><td>TR1</td><td>TF0</td><td>TR0</td><td>IE1</td><td>IT1</td><td>IE0</td><td>IT0</td></tr>
<tr><td>PCON</td><td>SMO</td><td>—</td><td>—</td><td>—</td><td>—</td><td>—</td><td>—</td><td>—</td><td>(87H)</td></tr>
<tr><td>DPH</td><td></td><td></td><td></td><td></td><td></td><td></td><td></td><td></td><td>(83H)</td></tr>
<tr><td>DPL</td><td></td><td></td><td></td><td></td><td></td><td></td><td></td><td></td><td>(82H)</td></tr>
<tr><td>SP</td><td></td><td></td><td></td><td></td><td></td><td></td><td></td><td></td><td>(81H)</td></tr>
<tr><td rowspan="2">P0</td><td>87</td><td>86</td><td>85</td><td>84</td><td>83</td><td>82</td><td>81</td><td>80</td><td rowspan="2">80H</td></tr>
<tr><td>P0.7</td><td>P0.6</td><td>P0.5</td><td>P0.4</td><td>P0.3</td><td>P0.2</td><td>P0.1</td><td>P0.0</td></tr>
</table>

其中一组特殊单元是 0000H ~ 0002H。系统复位后,(PC) = 0000H,单片机从 0000H 单元开始取指令执行程序。如果程序不从 0000H 单元开始,应在这三个单元中存放一条无条件转移指令,以便直接转去执行指定的程序。

还有一组特殊单元是 0003H ~ 002AH。共 40 个单元。这 40 个单元被均匀地分为五段,作为五个中断源的中断地址区。其中:

0003H ~ 000AH　　外部中断 0 中断地址区;

000BH ~ 0012H　　定时器/计数器 0 中断地址区;

0013H ~ 001AH　　外部中断 1 中断地址区；

001BH ~ 0022H　　定时器/计数器 1 中断地址区；

0023H ~ 002AH　　串行中断地址区。

中断响应后，按中断种类，自动转到各中断区的首地址去执行程序。因此在中断地址区中理应存放中断服务程序。但通常情况下，8 个单元难以存下一个完整的中断服务程序，因此通常也是从中断地址区首地址开始存放一条无条件转移指令，以便中断响应后，通过中断地址区，再转到中断服务程序的实际入口地址去。

1.4 并行输入/输出口电路结构

单片机芯片内还有一项主要组成部件，即并行 I/O 口。MCS-51 共有四个 8 位的并行 I/O 口，分别记作 P0、P1、P2、P3。每个口都包含一个锁存器，一个输出驱动器和输入缓冲器。实际上它们已被归入专用寄存器之列，并且具有字节寻址和位寻址功能。

在访问片外扩展存储器时，低 8 位地址和数据由 P0 口分时传送，高 8 位地址由 P2 口传送。在无片外扩展存储器的系统中，这 4 个口的每一位均可作为双向的 I/O 端口使用。

MCS-51 单片机的四个 I/O 口都是 8 位双向口，这些口在结构和特性上是基本相同的，但又各具特点，以下分别介绍。

1.4.1 P0 口

P0 口的口线逻辑电路如图 1-6 所示。

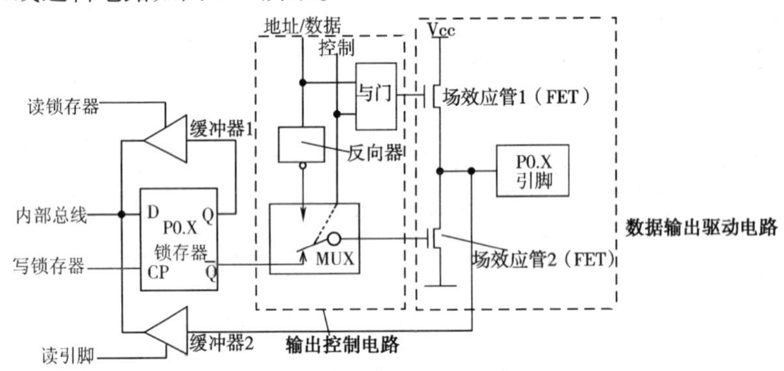

图 1-6　P0 口某位结构

由图 1-6 可见，电路中包含有 1 个数据输出锁存器、2 个三态数据输入缓冲器、1 个数据输出的驱动电路和 1 个输出控制电路。当对 P0 口进行写操作时，由锁存器和驱动电路构成数据输出通路。由于通路中已有输出锁存器，因此数据输出时可以与外设直接连接，而不需再加数据锁存电路。

考虑到 P0 口既可以作为通用的 I/O 口进行数据的输入/输出，也可以作为单片机系统的地址/数据线使用。为此在 P0 口的电路中有一个多路转接电路 MUX。在控制信号的作用下，多路转接电路可以分别接通锁存器输出或地址/数据线。当作为通用的 I/O 口使用时，内部的控制信号为低电平，封锁与门将输出驱动电路的上拉场效应管（FET）截止，同时使多路转接电路 MUX 接通锁存器 Q 端的输出通路。

当 P0 口作为输出口使用时，内部的写脉冲加在 D 触发器的 CP 端，数据写入锁存器，并向端口引脚输出。

当P0口作为输入口使用时,应区分读引脚和读端口两种情况。为此在口电路中有两个用于读入驱动的三态缓冲器。所谓读引脚就是读芯片引脚的数据,这时使用数据缓冲器2,由“读引脚”信号把缓冲器2打开,把端口引脚上的数据从缓冲器2通过内部总线读进来。使用传送指令(MOV)进行读口操作都是属于这种情况。

而读端口则是指通过缓冲器1读锁存器Q端的状态。在端口已处于输出状态的情况下,本来Q端与引脚的信号是一致的,这样安排的目的是为了适应对口进行“读—修改—写”操作指令的需要。例如:“ANL P0,A”就是属于这类指令。执行时先读入P0口锁存器中的数据,然后与A的内容进行逻辑与,再把结果送回P0口。对于这类“读—修改—写”指令,不直接读引脚而读锁存器是为了避免可能出现的错误。因为在端口已处于输出状态的情况下,如果端口的负载恰是一个晶体管的基极,导通了的PN结会将端口引脚的高电平拉低,这样直接引脚就会把本来的“1”误读为“0”。但若从锁存器Q端读,就能避免这样的错误,得到正确的数据。

但要注意:当P0口进行一般的I/O输出时,由于输出电路是漏极开路电路,必须外接上拉电阻才能有高电平输出;当P0口进行一般的I/O输入时,必须先向电路中的锁存器写入“1”,使FET截止,以避免锁存器为“0”状态时对引脚读入的干扰。

在实际应用中,P0口绝大多数情况下都是作为单片机系统的地址/数据线使用,这要比作为一般I/O口应用简单。当输出地址或数据时,由内部发出控制信号,打开上面的与门,并使多路转接电路MUX处于内部地址/数据线与驱动场效应管栅极反相接通状态,这时的输出驱动电路由于上下两个FET处于反相,形成推拉式电路结构,使负载能力大为提高。而当输入数据时,数据信号则直接从引脚通过输入缓冲器进入内部总线。

1.4.2 P1口

P1口的口线逻辑电路见图1-7。

因为P1口通常是作为通用I/O口使用的,所以在电路结构上与P0口有一些不同之处。首先它不再需要多路转接电路MUX;其次是电路的内部有上拉电阻,与场效应管共同组成输出驱动电路。

为此P1口作为输出口使用时,已能向外提供推拉电流负载,无须再外接上拉电阻。当P1口作为输入口使用时,同样也需先向其锁存器写“1”,使输出驱动电路的FET截止。

1.4.3 P2口

P2口的口线逻辑电路见图1-8。

P2口电路中比P1口多了一个多路转接电路MUX,这又正好与P0口一样。P2口可以作

读锁存器
缓冲器1
Vcc
内部上拉电阻
P1.X
引脚
内部总线
D
Q
P1.X
锁存器
写锁存器
CP
$\overline{Q}$
场效应管(FET)
缓冲器2
读引脚

图1-7 P1口某位结构逻辑电路

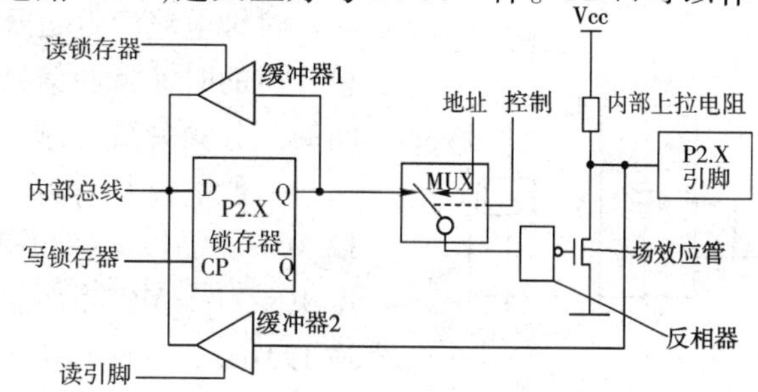

图1-8 P2口某位结构逻辑电路

为通用 I/O 口使用。这时多路转接开关倒向锁存器 Q 端。但通常应用情况下，P2 口是作为高位地址线使用，此时多路转接开关应倒向相反方向。

1.4.4 P3 口

P3 口的口线逻辑电路见图 1-9。

P3 口的特点在于为适应引脚信号第二功能的需要，增加了第二功能控制逻辑。由于第二功能信号有输入和输出两类，因此分两种情况说明。

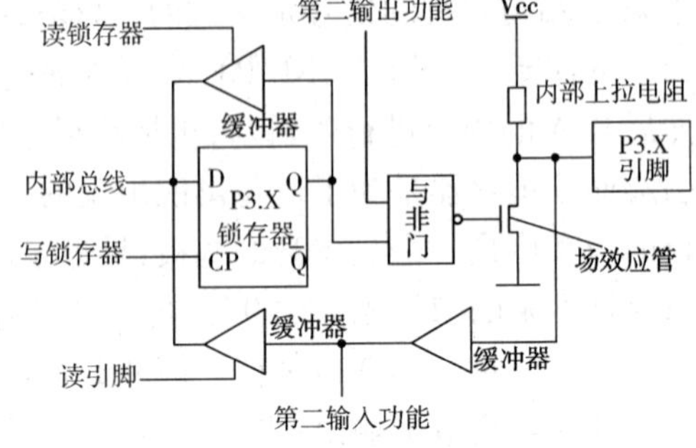

图 1-9　P3 口某位结构逻辑电路

对于第二功能为输出的信号引脚，当作为 I/O 使用时，第二输出功能信号引线应保持高电平，与非门开通，以维持从锁存器到输出端数据输出通路的畅通。当输出第二功能信号时，该位的锁存器应置“1”，使与非门对第二功能信号的输出是畅通的，从而实现第二功能信号的输出。

对于第二功能为输入的信号引脚，在口线的输入通路上增加了一个缓冲器，输入的第二功能信号就从这个缓冲器的输出端取得。而作为 I/O使用的数据输入，仍取自三态缓冲器的输出端。不管是作为输入口使用还是第二功能信号输入，输出电路中的锁存器输出和第二功能输出信号线都应保持高电平。

1.5 时钟电路与复位电路

时钟电路用于产生单片机工作所需要的时钟信号，而时序所研究的是指令执行中各地信号之间的相互关系。单片机本身就如一个复杂的同步时序电路，为了保证同步工作方式的实现，电路应在唯一的时钟信号控制下严格地按时序进行工作。

1.5.1 时钟电路与时序

1.5.1.1 时钟信号的产生

在 MCS-51 芯片内部有一个高增益反相放大器，其输入端为芯片引脚 XTAL1，其输出端为引脚 XTAL2 。而在芯片的外部，XTAL1 和 XTAL2 之间跨接晶体振荡器（简称晶振）和微调电容（C_1、C_2），从而构成一个稳定的自激振荡器，这就是单片机的时钟电路，如图 1-10 所示。

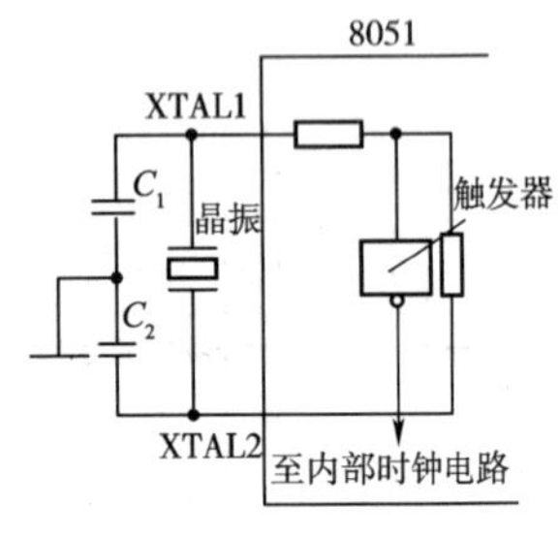

图 1-10　时钟振荡电路

时钟电路产生的振荡脉冲经过触发器进行二分频之后，才成为单片机的时钟脉冲信号。请读者特别注意时钟脉冲与振荡脉冲之间的二分频关系，否则会造成概念上的错误。

一般电容 C_1 和 C_2 取 30pF 左右，晶体的振荡频率范围是 1.2 ~ 12 MHz。晶体振荡频率高，则系统的时钟频率也高，单片机运行速度也就快。MCS-51 在通常应用情况下，使用振荡频率为 6MHz 或 12MHz。

1.5.1.2 引入外部脉冲信号

在由多片单片机组成的系统中,为了各单片机之间时钟信号的同步,应当引入唯一的公用外部脉冲信号作为各单片机的振荡脉冲。这时外部的脉冲信号是经 XTAL2 引脚注入,其连接如图 1-11 所示。

1.5.1.3 时序

时序是用定时单位来说明的。MCS-51 的时序定时单位共有 4 个,从小到大依次是:节拍、状态、机器周期和指令周期。下面分别加以说明。

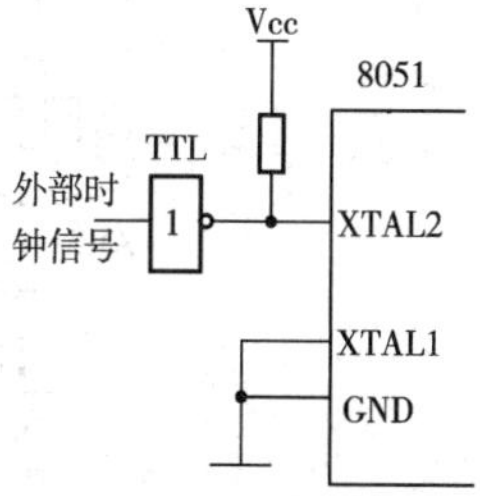

1)节拍与状态

把振荡脉冲的周期定义为节拍(用 P 表示)。振荡脉冲经过二分频后,就是单片机的时钟信号。将其周期定义为状态(用 S 表示)。

图 1-11 外部时钟源接法

这样一个状态就包含两个节拍,具前半周期对应的节拍叫节拍 1(P_1),后半周期对应的节拍叫节拍 2(P_2)。

2)机器周期

MCS-51 采用定时控制方式,因此它有固定的机器周期。规定一个机器周期的宽度为 6 个状态,并依次表示为 $S_1 \sim S_6$。由于一个状态又包括两个节拍,因此一个机器周期总共有 12 个节拍,分别记作 $S_1P_1, S_1P_2, \cdots\cdots S_6P_2$。由于一个机器周期共有 12 个振荡脉冲周期,因此机器周期就是振荡脉冲的十二分频。

当振荡脉冲频率为 12 MHz 时,一个机器周期为 1μs。

当振荡脉冲频率为 6 MHz 时,一个机器周期为 2 μs。

3)指令周期

指令周期是最大的时序定时单位,执行一条指令所需要的时间称之为指令周期。它一般由若干个机器周期组成。不同的指令,所需要的机器周期数也不相同。通常,包含一个机器周期的指令称为单周期指令,包含两个机器周期的指令称为双周期指令。

指令的运算速度和指令所包含的机器周期有关,机器周期数越少的指令执行速度越快。MCS-51 单片机通常可以分为单周期指令、双周期指令和四周期指令三种。四周期指令只有乘法和除法两条指令,其余均为单周期和双周期指令。

单片机执行任何一条指令时都可以分为取指令阶段和执行指令阶段。MCS-51 的取指令/执行指令时序如图 1-12 所示,图 1-12a)中 T 为振荡周期(或外部引入的时钟信号的周期),T = 1/2s。

由图 1-12 可见,ALE 引脚上出现的信号是周期性的。在每个机器周期内两次出现高电平。第一次出现在 S_1P_2 和 S_2P_1 期间,第二次出现在 S_4P_2 和 S_5P_1 期间。ALE 信号每出现一次,CPU 就进行一次取指操作。但由于不同指令的字节数和机器周期数不同,因此取指令操作也随指令不同而有小的差异。

按照指令字节数和机器周期数,8051 的 111 条指令可分为六类,分别是:单字节单周期指令、单字节双周期指令、单字节四周期指令、双字节单周期指令、双字节双周期指令、三字节双周期指令。

图 1-12a)、图 1-12b)所示分别给出了单字节单周期和双字节单周期指令的时序。单周期指令的执行始于 S_1P_2,这时操作码被锁存到指令寄存器内。若是双字节则在同一机器周期的

S_4 读第二字节。若是单字节指令，则在 S_4 仍有读出操作，被读入的字节无效，且程序计数器 PC 并不增量。

图 1-12c）给出了单字节双周期指令的时序，两个机器周期内进行 4 次读操作码操作。因为是单字节指令，后三次读操作都是无效的。

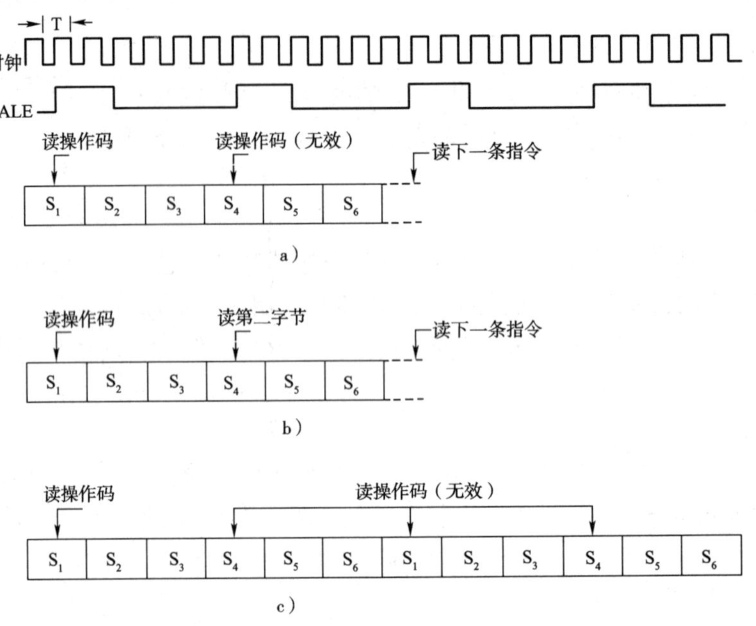

图 1-12　MCS-51 单片机的取指令/执行指令时序

a）单字节单周期指令；b）双字节单周期指令；c）单字节双周期指令

1.5.2　单片机的复位电路

单片机复位是使 CPU 和系统中的其他功能部件都处在一个确定的初始状态，并从这个状态开始工作，例如复位后 PC = 0000H，使单片机从第一个单元取指令。无论是在单片机刚开始接上电源时，还是断电后或者发生故障后都要复位。所以我们必须弄清楚 MCS-51 型单片机复位的条件、复位电路和复位后的状态。

单片机复位的条件是：必须使 RST/VPD/RST 引脚（9）加上持续的两个机器周期（24 个振荡周期）的高电平。例如：若时钟频率为 12MHz，每机器周期为 1μs，则只需 2μs 以上时间的高电平。在 RST 引脚出现高电平后的第二个机器周期执行复位。单片机常见的复位电路如图 1-13a）、图 1-13b）所示。

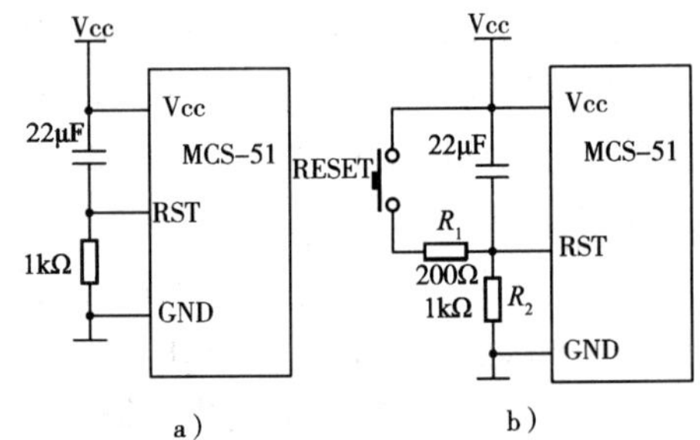

图 1-13　单片机常见的复位电路

a）上电复位电路；b）按键复位电路

图 1-13a）为上电复位电路，它是利用电容充电来实现的。在接电瞬间，RST 端的电位与 Vcc 相同，随着充电电流的减少，RST 的电位逐渐下降。只要保证 RST 为高电平的时间大于 2 个机器周期，便能正常复位。

图 1-13b）为按键复位电路。该电路具有上电复位功能，若要复位，只需按图 1-13b）中的 RESET 键即可，此时电源 Vcc 经电阻 R_1、R_2 分压，在 RST 端产生一个复位高电平。本章末节

的实训系统就是采用该电路。

单片机复位期间不产生 ALE 和$\overline{PSEN}$信号,即 ALE =1 和$\overline{PSEN}$ =1。这表明单片机复位期间不会有任何取指操作。复位后,内部各专用寄存器状态如下:

PC:	0000H	TMOD:	00H
ACC:	00H	TCON:	00H
B:	00H	TH0:	00H
PSW:	00H	TL0:	00H
SP:	07H	TH1:	00H
DPTR:	0000H	TL1:	00H
P0 ~ P3:	FFH	SCON:	00H
IP:	* * *00000B	SBUF:	不定
IE:	0 * *00000B	PCON:	0 * * *0000B

其中 * 表示无关位。请注意:

(1)复位后 PC 值为 0000H,表明复位后程序从 0000H 开始执行,这一点在实训中已介绍。

(2)SP 值为 07H,表明堆栈底部在 07H。一般需重新设置 SP 值。

(3)P0 ~ P3 口值为 FFH。P0 ~ P3 口用作输入口时,必须先写入"1"。单片机在复位后,已使 P0 ~ P3 口每一端线为"1",为这些端线用作输入口做好了准备。

1.6 单片机的工作过程

单片机的工作过程实质上是执行用户编制程序的过程,一般程序的机器码都已固化到存储器中,因此开机复位后,就可以执行指令。执行指令又是取指令和执行指令的周而复始的过程。

假设机器码 74H、E0H 已存在于 0000H 开始的单元中,表示把 E0H 这个值送入 A 累加器。单片机的工作过程如下。

接通电源开机后,PC =0000H,取指令过程如下:

(1)PC 中的 0000H 送到片内的地址寄存器。

(2)PC 的内容自动加 1 变为 0001H 指向下一个指令字节。

(3)地址寄存器中的内容 0000H 通过地址总线送到存储器,经存储器中的地址译码选中 0000H 单元。

(4)CPU 通过控制总线发出读命令。

(5)被选中单元的内容 74H 送到内部数据总线上,该内容通过内部数据总线送到单片机内部的指令寄存器。到此取指令过程结束,进入执行指令过程。

执行指令的过程:

(1)指令寄存器中的内容经指令译码器译码后,说明这条指令是取数命令,即把一个立即数送 A 中。

(2)PC 的内容为 0001H 送地址寄存器,译码后选中 0001H 单元,同时 PC 的内容自动加 1 变为 0002H。

(3)CPU 同样通过控制总线发出读命令。

(4)0001H 单元的内容 08H 读出经内部数据总线送至 R2,至此本指令执行结束。PC = 0002H,机器又进入下一条指令的取指令过程。一直重复上述过程直到程序中的所有指令执行完毕,这就是单片机的基本工作过程。

1.7　51 系列单片机最小系统

单片机最小系统,或者称为最小应用系统,是指用最少的元件组成的单片机可以工作的系统。对 51 系列单片机来说,最小系统一般应该包括:单片机、晶振电路、复位电路。51 单片机的最小系统电路图如图 1-14 所示。

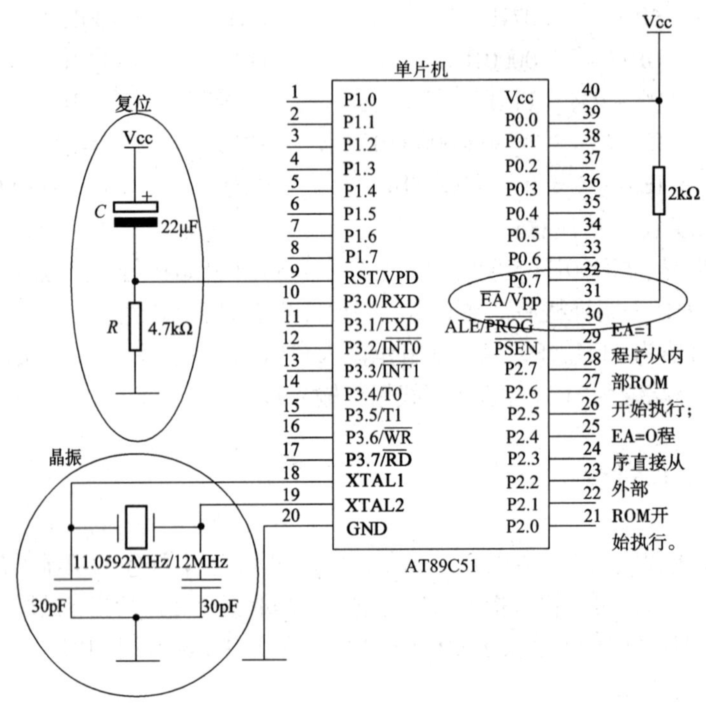

图 1-14　51 单片机最小系统电路图

主要电路功能:

(1)复位电路:由电容串联电阻构成,通过图 1-14 并结合“电容电压不能突变”的性质,可以知道,当系统一通上电,RST 脚将会出现高电平,并且这个高电平持续的时间由电路的 RC 值来决定。典型的 51 单片机当 RST 脚的高电平持续两个机器周期以上就将复位,所以适当组合 RC 的取值就可以保证可靠的复位。一般教科书推荐 C 取 22μF,R 取 4.7kΩ。当然也有其他取法,原则就是要让 RC 组合可以在 RST 脚上产生不少于 2 个机器周期的高电平。至于如何具体定量计算,可以参考电路分析相关书籍。

(2)晶振电路:典型的晶振取 11.0592MHz,可以准确地得到波特率 9600B/t 和波特率 19200B/t,用于有串口通信的场合。取 12MHz 产生精确的 μs 级时歇,方便定时操作。

(3)单片机:一片 AT89S51/52 或其他 51 系列兼容单片机。

特别注意:对于 31 脚(EA/Vpp),当接高电平时,单片机在复位后从内部 ROM 的 0000H 开始执行;当接低电平时,复位后直接从外部 ROM 的 0000H 开始执行。这一点是初学者容易忽略的。

因此可以看出,51 单片机总共 40 个脚,电源用 2 个(Vcc 和 GND),晶振用 2 个,复位 1 个,EA/Vpp 用 1 个,剩下还有 34 个。29 脚为 PSEN,30 脚 ALE 为外扩数据/程序存储器时才有特定用处,一般情况下不用考虑。这样就只剩下 32 个引脚。对于初学者,这 32 个引脚就是要经常打交道的了。它们是:P0 端口 P0.0 ~ P0.7 共 8 个;P1 端口 P1.0 ~ P1.7 共 8 个;P2 端口 P2.0 ~ P2.7 共 8 个;P3 端口 P3.0 ~ P3.7 共 8 个。

本 章 小 结

本章介绍了 MCS-51 型单片机芯片的硬件结构及工作特性,MCS-51 单片机是由一个 8 位 CPU、一个片内振荡器及时钟电路、4kB ROM(8051 有 4kB 掩膜 ROM,8751 有4kB EPROM,8031 片内无 ROM)、128B 片内 RAM、21 个特殊功能寄存器、两个 16 位定时/计数器、4 个 8 位并行 I/O 口、一个串行输入/输出口和 5 个中断源等电路组成。芯片共有 40 个引脚,除了电源、地、两个时钟输入/输出脚以及 32 个 I/O 引脚外,还有 4 个控制引脚:ALE(低 8 位地址锁存允许)、$\overline{\text{PSEN}}$(片外 ROM 读选通)、RST(复位)、$\overline{\text{EA}}$(内外 ROM 选择)。

8051 单片机片内有 256B 的数据存储器,它分为低 128B 的片内 RAM 区和高 128B 的特殊功能寄存器区,低 128B 的片内 RAM 又可分为工作寄存器区(00H ~ 1FH)、位寻址区(20H ~ 2FH)和数据缓冲器(30H ~ 7FH)。累加器 A、程序状态寄存器 PSW、堆栈指针 SP、数据存储器地址指针 DPTR、程序存储器地址指针 PC,均有着特殊的用途和功能。

MCS-51 型单片机有四个 8 位的并行 I/O 口,它们在结构和特性上基本相同。当片外扩展 RAM 和 ROM 时,P0 口分时传送低 8 位地址和 8 位数据,P2 口传送高 8 位地址,P3 口常用于第二功能,通常情况下只有 P1 口用作一般的输入/输出引脚。

指挥单片机有条不紊工作的是时钟脉冲。执行指令均按一定的时序操作。我们必须掌握节拍、状态、机器周期、指令周期的概念,了解时钟电路以及复位条件、复位电路、复位后的状态。

习　　题

1. 微型计算机系统由哪几部分组成?
2. 什么是单片机? 由哪几部分组成? 什么是单片机应用系统? 两者是什么关系?
3. MCS-51 型单片机控制线有几根? 每一根控制线的作用是什么?
4. P3 口的第二功能是什么?
5. MCS-51 型单片机片内 RAM 的组成是如何划分的,各有什么功能?
6. MCS8051 单片机有多少个特殊功能寄存器? 它们分布在何地址范围?
7. DPTR 是什么寄存器? 它的作用是什么? 它是由哪几个寄存器组成?
8. 简述程序状态寄存器 PSW 各位的含义。单片机如何确定和改变当前的工作寄存器区?
9. 什么是堆栈? 堆栈指示器 SP 的作用是什么? 在堆栈中存取数据时的原则是什么?
10. MCS-51 型单片机 ROM 空间中,0003H ~ 002BH 有什么用途? 用户应怎样合理安排?
11. 当单片机外部扩展 RAM 和 ROM 时,P0 口、P1 口、P2 口、P3 口各起何作用?
12. P0 ~ P3 口作为输入或输出口时,各有何要求?
13. 画出 MCS-51 型单片机时钟电路,并指出石英晶体和电容的取值范围。
14. 什么是机器周期? 机器周期和时钟频率有何关系? 当时钟频率为 6 MHz 时,机器周期是多少时间?
15. MCS-51 型单片机常用的复位方法有几种? 应注意的事项是什么? 画电路图说明其工作原理。
16. 制作单片机最小系统。

第2章　C51单片机编程环境与智能机器人

2.1　C51系列单片机程序开发平台

C51系列单片机应用广泛，是学习单片机技术较好的系统平台，同时也是单片微型计算机应用系统开发的一个重要系列。目前，单片机原理与应用教材大都采用汇编语言讲解和设计程序实例，但汇编语言学习困难。在实际应用系统开发调试中，特别是开发比较复杂的应用系统时，为了提高开发效率和使程序便于移植，现在多用C语言。C语言不仅学习方便，而且也同汇编语言一样能够对单片机资源进行访问，因而目前大多数院校在开设单片机课程时都引入C语言，但在选教材时存在两个方面的问题：第一，单片机原理与应用（含单片机C语言程序设计）的教材不多，而兼顾汇编语言和C语言的教材更少，所以可选择的余地较小；第二，单片机C语言方面的教材一般面向开发，不讲原理，属于高级教程，不适合初学者。基于此，根据理论教学和实践教学的经验发现，学生要想熟练地掌握C51单片机应用系统软件设计，就必须完全理解单片机汇编语言，只有这样才能理解并掌握C51程序设计。若在用汇编语言讲授单片机原理后另外单独开设一门“C51程序设计”课程，学生往往不能与原理很好地联系起来进行对比学习。因此尝试在课堂上讲解单片机原理的同时介绍单片机C语言程序设计，避免直到进入实验室或开发实践阶段时才讲授单片机C语言程序设计以及开发环境，为开设综合实验和创新性实验奠定一定的基础。

早期的单片机应用程序开发通常需要仿真机、编程机等配套工具，要配置这些工具需要一笔不小的投资。本教材采用的AT89S52，不需要仿真机和编程机，只需运用ISP电缆就可以对单片机的FLASH反复擦写1000次以上，因此使用起来方便简单，尤其适合初学者使用，而且配置十分灵活，可扩展性强。

本教材将引导你如何运用AT89S52作为机器人的大脑制作一款教育机器人，并采用C语言对AT89S52进行编程，使机器人完成下述四个基本智能任务：

(1)安装传感器以探测周边环境。

(2)基于传感器信息作出决策。

(3)控制机器人运动(通过操作带动轮子旋转的电动机)。

(4)与用户交换信息。

通过完成这些任务，你可以在无限的乐趣之中，不知不觉地掌握C51单片机原理与应用、开发技术以及C语言程序设计技术，轻松走上嵌入式系统开发之路。

为了方便单片机微控制器与电源、ISP下载电缆、串口线以及各种传感器和电动机的连接，需要制作一个电路板，并将单片机插在电路板上，如图2-1所示。本教材将此电路板叫做教学板。

图 2-1　C51 单片机教学板

2.2　机器人与 C51 单片机

图 2-2 所示的是本教材使用的机器人工程对象。它采用 AT89S52 单片机作为大脑，通过教学板安装在机器人底盘上，以此机器人作为典型工程对象，完成上节提到的机器人所需具备的四种基本能力，使机器人具有基本的智能。

以下步骤告诉你如何安装和使用 C51 单片机的 C 语言编程开发环境，如何开发第一个简单机器人程序，并在机器人上如何运行你写的这个程序。本章的具体任务包括：

（1）寻找并安装开发编程软件；

（2）连接机器人到电池或者供电的电源；

（3）连接单片机教学板 ISP 接口到计算机，以便编程；

图 2-2　采用 C51 单片机的机器人

（4）连接单片机教学板串行接口到计算机，以便调试和交互；

（5）运用 C 语言初次编写少量的程序，运用编译器编译生成可执行文件，然后下载到单片机上，通过串口观察机器人上的单片机教学板的执行结果；

（6）完成后断开电源。

2.3　任务一　获得软件

在本课程的学习中，你将反复用到三款软件：Keil uVision 2 IDE 集成开发环境、SL ISP 下载软件、串口调试软件等。

2.3.1　Keil uVision 2 IDE 集成开发环境

该软件是德国 Keil 公司出品的 51 系列单片机 C 语言集成开发系统。如果你已经学习过基础机器人制作与编程方面的知识，并掌握了 PBASIC 语言编程思想和基本技能，你将会发现，C 语言在语法结构上更加灵活，功能更加强大，但同时学习和理解起来也稍困难些。

该软件的安装包可以在 Keil 公司的官方网站 www. keil. com 上获得。

2.3.2 SL ISP 软件下载工具

该软件是广州天河双龙电子有限公司推出的一款 ISP 下载软件,使用该软件你可以将可执行文件下载到你的机器人单片机上。该软件需要计算机有并行口。

你可以在双龙公司的网站 www. sl. com. cn 或教材配套光盘中获得该软件。

2.3.3 串口调试软件

此软件是用来显示单片机与计算机的交互信息的。计算机至少要有串口或 USB 接口与单片机教学板的串口连接。

教材光盘中提供了该软件的绿色版本,无须安装即可使用。

2.4 任务二 安装软件

到目前为止,你已从网站上获得了软件安装包。在教材配套光盘中提供了几个文件夹,它们分别是 Keil uVision 2 安装包、ISP 软件安装包、串口调试终端、头文件和本书例程的源码。

软件的安装很简单,与你安装其他软件的过程一样。安装 Keil uVision 2 的过程如下:

(1)执行 Keil uVision 2 安装程序,选择安装 Eval Version 版进行安装。

(2)在后续出现的窗口中全部选择 Next 按钮,将程序默认安装在 C:\Program Files\Keil 文件目录下。

(3)将光盘"头文件"文件夹中的文件拷贝到 C:\Program Files\Keil\C51\INC 文件夹里。

Keil uVision IDE 软件安装到你电脑的同时,会在计算机桌面建立一个快捷方式。

安装 ISP 下载软件与此类似。

2.5 任务三 硬件连接

C51 教学板(或者说机器人大脑)需要连接电源以便运行,同时也需要连接到 PC 机(或笔记本电脑)以便编程和交互。以上接线完成后,你就可以用编辑器软件来对系统进行测试。硬件连接如下所述。

2.5.1 串口的连接

机器人教学板通过串口电缆连接到 PC 机(或笔记本电脑)上以便与用户交互。如果你的计算机有串行接口,直接使用串口连接电缆。如果没有,此时需要使用 USB 转串口适配器,如图 2-3 所示。机器人产品套装中提供的是 USB 转串口适配器,你只需将该串口线一端的串口连接到你的机器人教学板,而另一端连接到计算机的 USB 口上。

如果你使用的是 Windows 98 操作系统，在使用该适配器调试程序前，还需要给适配器安装驱动程序，相关步骤请按照适配器硬件和软件安装说明书进行。如果是 Windows 2000 以上的操作系统，则通常可以直接使用，无需安装驱动程序。

2.5.2 ISP 下载线的连接

机器人程序通过连接到 PC 机或者笔记本电脑并口上的 ISP 下载线下载到教学板上的单片机内。图 2-4 所示为 ISP 下载线。下载线一端连接到 PC 机或者笔记本的并行接口上，而另一端（小端）连接到教学板上的程序下载口上。

2.5.3 电池的安装

本教材使用的机器人采用五号碱性电池给机器人电动机和教学板供电，在继续完成下面的任务前，请先检查机器人底部电池盒内是否已经装好电池，是否有正常的电压输出。如果没有，请更换新的电池。更换过程中，确保每个电池都按照塑料盒子里面标记的电池极性（“+”和“-”）装入。

2.5.4 给教学板和单片机进行通电检查

教学底板上有一个三位开关（见图 2-5），当开关拨到“0”位则断开教学底板电源。无论你是否将电池组或者其他电源连接到教学底板上，只要三位开关位于“0”位，那么设备就处于关闭状态。

现在将三位开关由“0”位拨至“1”位，打开教学板电源，如图 2-6 所示。检查教学底板上标有“Pwr”的绿色 LED 电源指示灯是否变亮。如果没有，检查电池盒里的电池和电池盒的接头是否已经插到教学板的电源插座上。

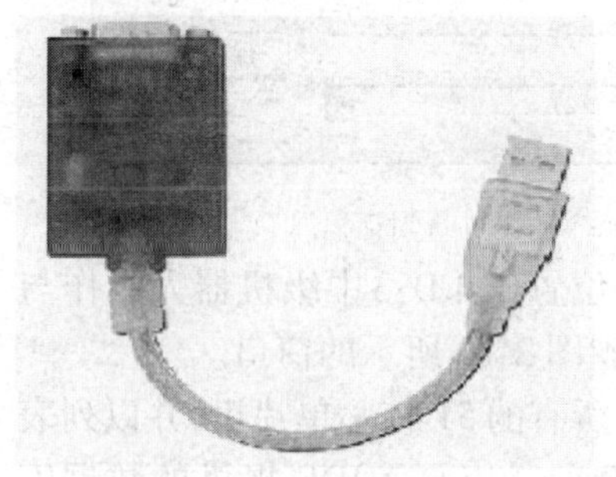

图 2-3 USB 转串口适配器

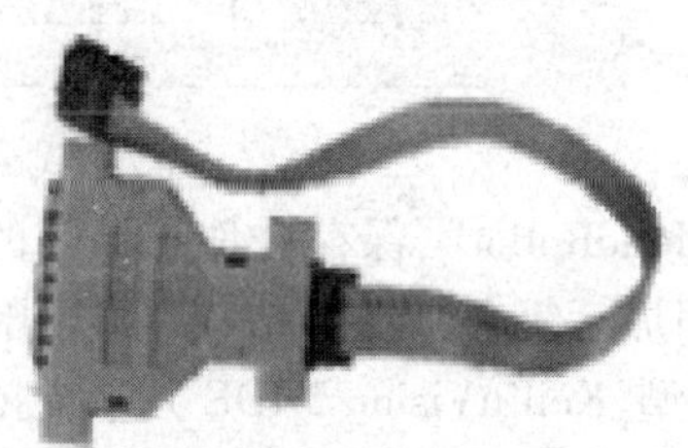

图 2-4 ISP 下载线

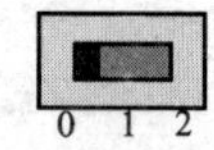

图 2-5 处于关闭状态的三位开关

图 2-6 处于 1 位状态的三位开关

开关“2”你将会在后续章节中用到。将开关拨至“2”后，电源不仅要给教学板供电，同时还会给机器人的执行机构——伺服电动机供电。同样的，此时绿色 LED 电源指示灯仍然会亮。

2.6 任务四 你的第一个程序

你编写和测试的第一个 C 语言程序将告诉 AT89S52 单片机控制器，让它在执行程序时发送一条信息给 PC 机（或笔记本电脑）。

2.6.1 创建与编辑你的第一个程序

双击 Keil uVision IDE 的图标，启动 Keil uVision IDE 程序，你会得到图 2-7 所示的 Keil uVision 2 IDE 的主界面。通过用 Project 菜单中的 New Project 命令建立项目文件，过程如下：

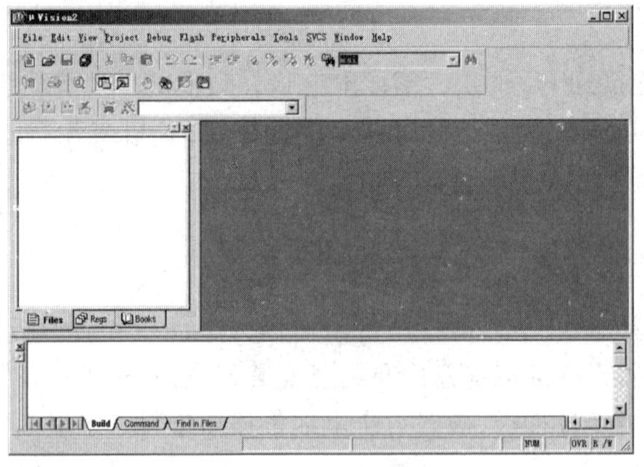

图 2-7 Keil uVision IDE 的主界面

(1)点击 Project，会出现图 2-8 所示的菜单画面，然后选择“New Project”，将出现图 2-9 所示对话框。

图 2-8 Project 菜单画面

图 2-9 Create New Project 对话框

(2)在文件名中输入如“HelloRoBot”，保存在你想保存的位置(如 D:\中级机器人制作与编程\程序\Chapter 1)，可不用加后缀名，点击“保存”后会出现图 2-10 所示的窗口。

(3)这里要选择芯片的类型，Keil uVision 2 IDE 几乎支持所有的 51 核心单片机，并以列表的形式给出。本教材使用的是 Atmel 公司的 AT89S52。在 Keil uVision 2 IDE 提供的数据库(Data base)列表中找到此款芯片，然后点击确定，会出现图 2-11 所示的窗口，询问你是否加载 8051 启动代码，在这里我们选择“否”，不加载。如果你选择“是”，对你的程序没有任何影响。若你感兴趣，可选择“是”，看看编译器加载了哪些代码。之后会出现图 2-12 所示的画面，此时即得到了项目文件。

项目文件创建后，这时只有一个框架，紧接着需要向项目文件中添加程序文件内容。Keil uVision 2 支持 C 语言程序。可以是已经建立好的程序文件，也可以是新建的程序文件。如果是建立好了的程序文件，则直接用后面的方法添加；如果是新建立的程序文件，则先将程序文件.c 存盘后再添加。

点击 按钮，或通过“File - > New”操作，为该项目新建一个 C 语言程序文件，保存后

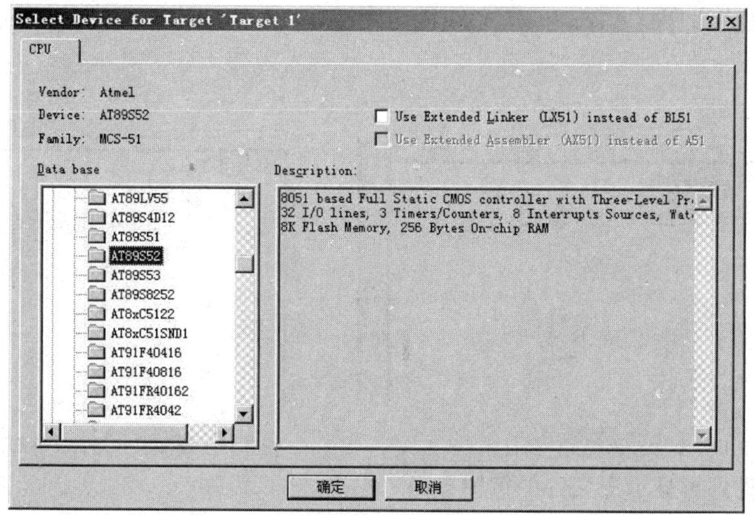

图 2-10　单片机型号选择窗口

弹出图 2-13 所示的对话窗口,将文件保存在项目文件夹中,在文件类型中填写.c(这里.c 为文件扩展名,表示此文件类型为 C 语言源文件)。下面将采用 C 语言编写第一个程序。

例程:HelloRoBot.c

```
#include <uart.h>
int main(void)
{
  uart_Init();  //串口初始化
  printf("Hello,this is a message from your Robot\n");
  while(1);
}
```

图 2-11　是否加载 8051 启动代码提示窗口

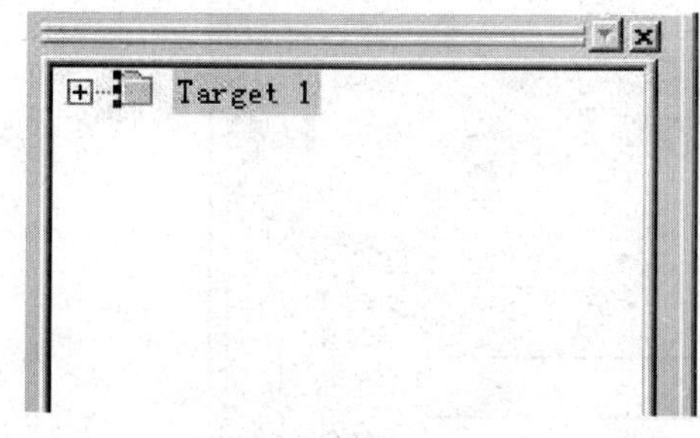

图 2-12　目标工程窗口

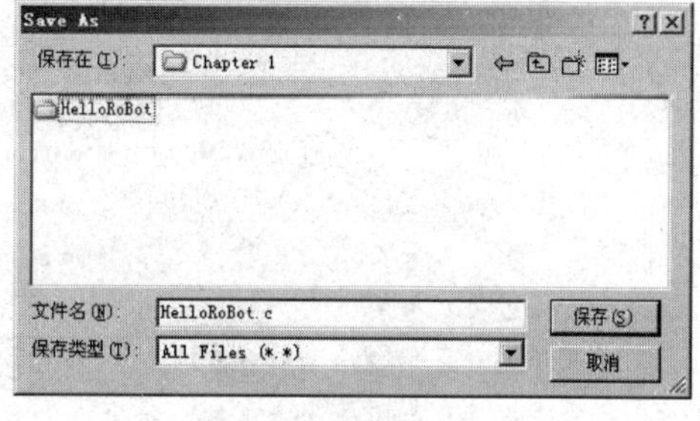

图 2-13　C 语言源文件保存对话框

将该例程键入 Keil uVision IDE 的编辑器,并以文件名 HelloRoBot.c 保存。下一步就是添加该文件到目标工程项目了,其具体添加过程如下:

(1)单击图 2-12 中的"+",将出现图 2-14 所示的列表。

(2)然后右键点击"Source Group 1",在出现的菜单下选择"Add File To Group Source 'Group 1'",出现 Add Files to Group Source 'Group1'对话框。在该对话框中选择需要添加的程序文件,如刚才建立的 HelloRoBot.c,单击 Add 按钮,把所选文件添加到项目文件中。一次可添加多个文件。

(3)将程序文件添加到项目文件之后,这时图 2-14 中"Source Group 1"的前面将出现一个

"+"号;单击它将出现刚才添加的源文件名,如图 2-15 所示。图 2-15 中显示的文件名是刚才输入的文件名。

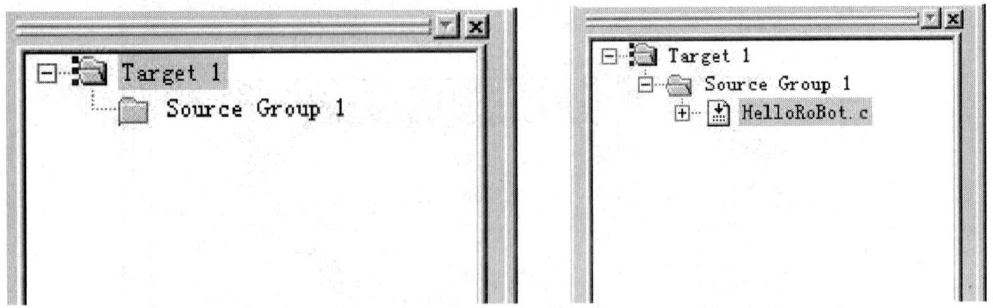

图 2-14　添加 C 语言文件到目标工程　　　　图 2-15　添加了 C 语言文件的目标工程

双击源文件即可显示源文件的编辑界面。

下面来产生下载需要的可执行文件。要产生可执行的.Hex 文件,需要对目标工程"Target 1"进行编译设置。右键点击"Target 1",选择"Option for target 'Target 1'"。点击"output",选择其中的"Create HEX File",如图 2-16 所示,点击确定关闭设置窗口。然后点击 Keil uVision IDE 快捷工具栏中的 ,Keil 的 C 编译器开始根据要生成的目标文件类型对目标工程项目中的 C 语言源文件进行编译。编译过程中,可以观察到源文件中有没有错误产生,如果没有错误产生,在 IDE 主窗口的下面出现如图 2-17 的提示信息,表明已成功生成了可执行文件,并存储在 C 语言源程序存储的目录中。文件名是 HelloRoBot.Hex。

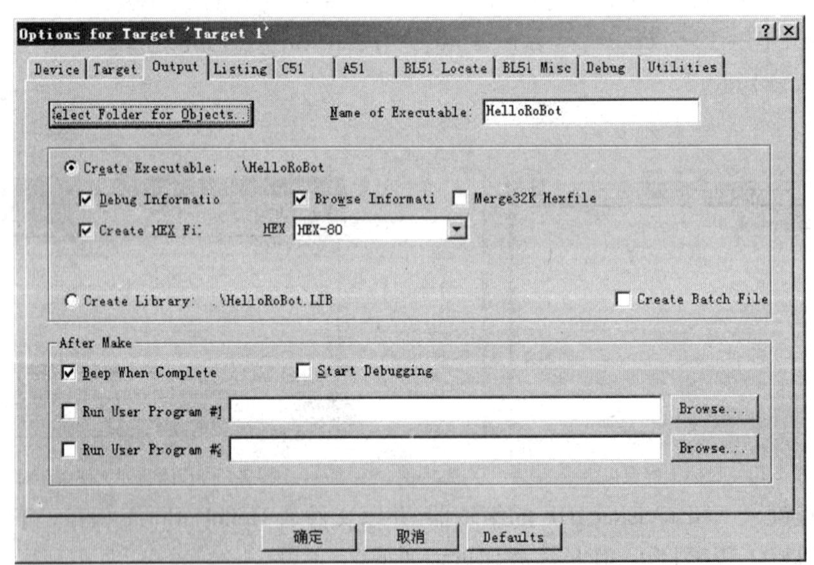

图 2-16　设置目标工程的编译输出文件类型

2.6.2　下载可执行文件到单片机

点击 ISP 下载软件图标,打开 ISP 下载软件窗口,如图 2-18 所示,并将通信参数设置成图 2-18中所示的参数。

第一,为接口类型选择窗口。该窗口的下拉列表中提供了许多接口类型:串口 COM1 ~

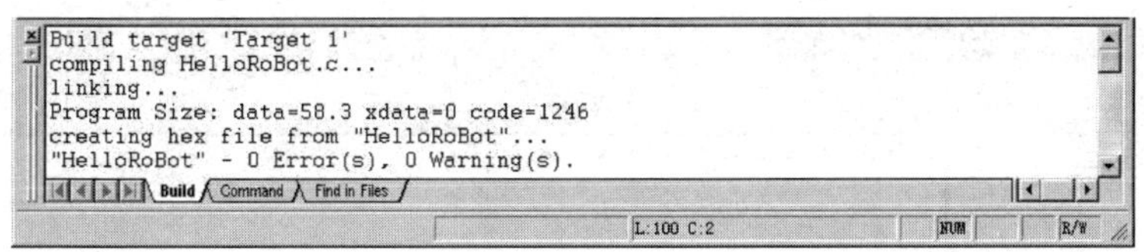

图 2-17　编译过程的输出提示信息

COM16、并口 LPT1 ~ LPT3 以及 USB 接口等。本教材使用并口 LPT1。

第二,为下载速度选择窗口。该窗口内容与接口类型紧密相连。不同的接口,该窗口就提供不同内容的下载速度。若选择 LPT1,则提供了五种下载速度:TURBO 模式、FAST 模式、NORMAL 模式、SLOW 模式和 TURBO SLOW 模式。在这五种模式下,程序下载速度依次减慢。本教材中的例程使用的是第一个模式 TURBO 模式,下载速度最快。

第三,为单片机型号选择窗口。点击“FLASH”,选择要下载的可执行 HEX 文件——HelloRoBot. Hex,选择后点击“编程”开始下载。如果下载成功,则下面显示“完成次数:X 次”;否则显示“失败次数: X 次”。

如果芯片是第二次下载程序,请先选中“擦除”复选框。

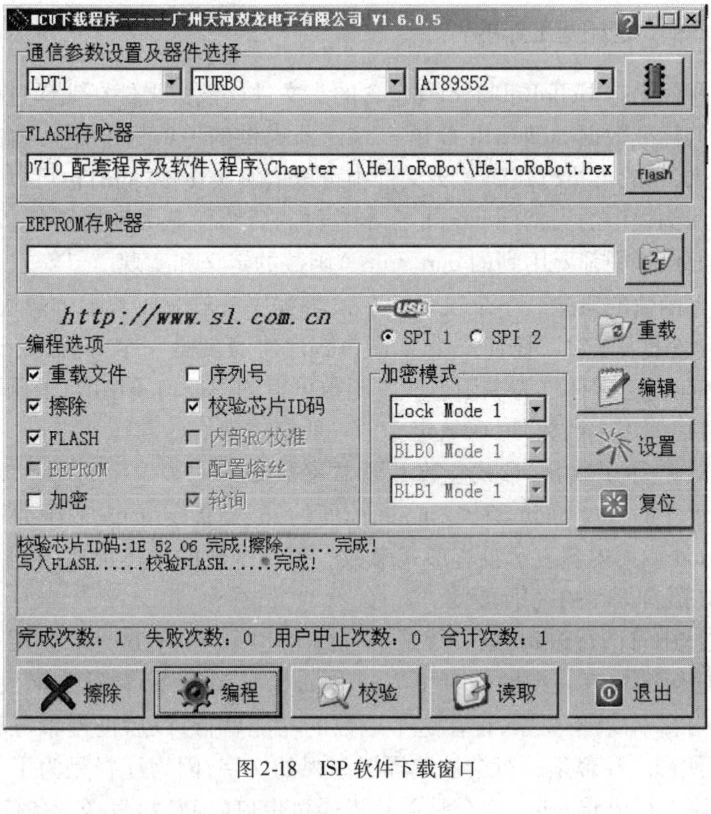

图 2-18　ISP 软件下载窗口

2.6.3　用串口调试软件查看单片机输出信息

打开串口调试终端,选择串口“COM1”后点击“打开串口”,在“接收区”内你看到了什么?什么也没有!为什么呢?因为从你把执行文件成功下载到单片机的那个时刻开始,程序就开始运行了:单片机已经向 PC 机发送了信息。你错过了接收。怎么办呢?

在机器人教学板上给你提供了“Reset”按钮,它可以让下载到单片机内的程序重新运行一次。按下“Reset”按钮,如图 2-19 所示画面就出现了。

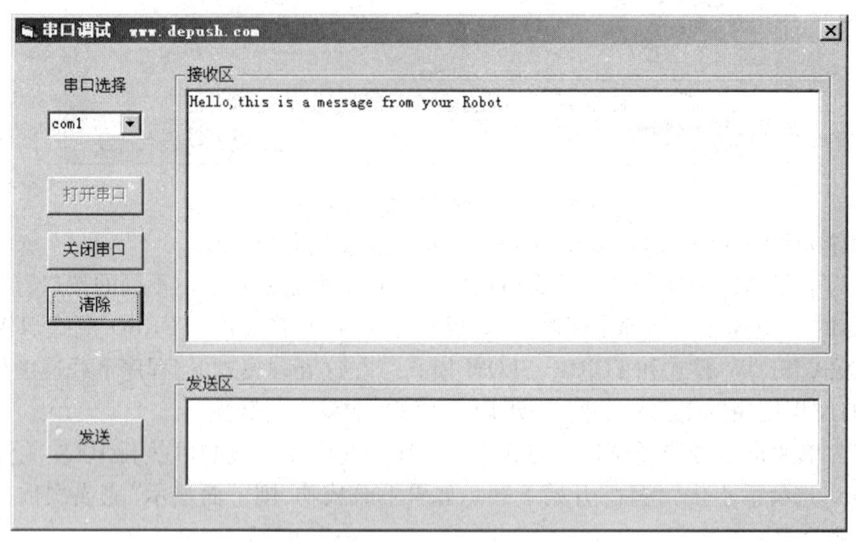

图 2-19　串口调试终端

2.6.4　HelloRoBot.c 是如何工作的?

例程中第一行代码是 HelloRoBot.c 所包含的头文件。该头文件在编译过程中用来将下面程序中需要用到的标准数据类型和由 C 语言编译器提供的一些标准输入/输出函数、中断服务函数等包括进来,生成可执行代码。头文件中可以嵌套头文件,同时也可以直接定义一些常用的功能函数。本例程中的头文件 uart.h 在本教材的后续任务中都要用到,它其中就包含了本例程中以及后面例程中都要用到的 uart_Init( )函数的定义和实现。

下面介绍一下函数的概念。一个较大的 C 语言程序一般分成若干个模块,每个模块实现一定的功能,我们称之为函数。任何一个 C 语言程序本身就是一个函数,该函数必须以 main 函数作为程序的起点,通常称之为主函数。主函数可以调用任何子函数,子函数之间也可以相互调用(但是不可以调用主函数)。函数定义的一般格式为:

函数返回值的类型 函数名(形式参数 1,形式参数 2……)

第二行就是程序的入口 main 函数。main 前面的 int 是指定 main 的函数返回值类型为整数类型,括号中 void 或无内容表示没有形式参数。每个函数的主体都要用"{　}"括起来(反思一下同 PBASIC 语言编程的区别)。

main 函数主体中有两行语句:第一行是串口初始化函数 uart_Init(　),用来规定单片机串口是如何与 PC 通信的。有兴趣的读者可以打开 uart.h 头文件,看看该函数是如何实现的。如果其中有很多内容不懂,不要紧,记住这个函数的功能就行,以后慢慢学习和理解。这行语句中"//"后的是注释。注释是一行会被编译器忽视的文字,因为注释是为了方便人阅读程序的。函数体中的第二行语句 printf 命令是单片机通过串口向 PC 机发送一条信息。

2.7　printf 函数

printf 函数称为格式输出函数,其功能是按用户指定的格式,把指定的数据显示输出。该函数是 C 语言提供的标准输出函数,定义在 C 语言的标准函数库中,要使用它,必须包括定义标准函数库的头文件 stdio.h。由于在 uart.h 头文件中包括了 stdio.h,因此本例程无需另外包括该头文件。printf 函数的一般形式为：

printf("格式控制字符串",输出列表)；

格式控制字符串可由格式字符串和非格式字符串组成。

格式字符串是以%开头的字符串；输出表列在格式输出时才用到。它给出了各个输出项，要求与格式字符串在数量和类型上一一对应。

非格式字符串在输出时原样输出，在显示中起提示作用。例程中用到的就是非格式字符串。

"\n"是一个向调试终端发送回车命令的控制符。也就是说，当你按下"Reset"按钮再次运行程序时，将在下一行显示"Hello,this is a message from your Robot"；如果没有"\n"，则会在上一语句的结尾，即"Robot"后面接着显示。

while(1)；的作用：while 是 C 语言里的循环控制语句，它的具体语法将在第 3 章里介绍，这里向你讲解为何要加上这个循环。

HEX 文件是加载在单片机 FLASH 存储器上的，并且是从头开始往下加载。当你把 HEX 文件加载上去的时候，填满了整个 FLASH 空间吗？当然没有！那么，当程序执行完 printf 函数之后，它将继续向下执行，但后面的空间并没有存放程序代码，这时程序就会乱运行，也就发生了跑飞现象。

加上 while(1)；语句，让程序一直停止在这里，就是为了防止程序跑飞。

例程：HelloRoBotYourTurn. c

```
#include <uart.h>
int main(void)
{
  int i;
  uart_Init();
  i = 7* 11;
  printf("What's 7* 11? \n");
  printf("The answer is :%d\n",i);
  while(1);
}
```

按照上述方法建立新的项目，运行 HelloRoBotYourTurn. c，查看输出结果，是否与图 2-20

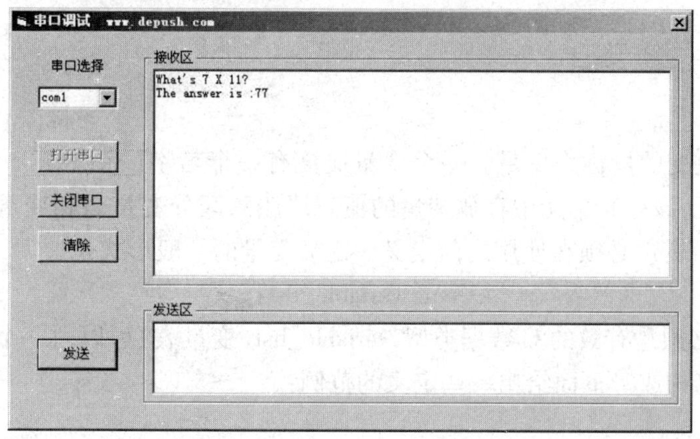

图 2-20 例程 HelloRoBotYourTurn. c 输出结果

一样？HelloRoBotYourTurn. c 是如何工作的？

在介绍 main 函数内容之前，先讲解一些 C 语言的基本知识。

2.8 C 语言数据类型

C 语言有 5 种基本数据类型：字符、整型、单精度实型、双精度实型和空类型。这些数据类型的长度和范围会因处理器的类型和 C 语言编译程序的实现而有所不同。对于 Keil 51 产生的目标文件，表 2-1 给出了两种教材中常用的数据长度和范围。

常用数据类型的长度和范围　　表 2-1

类　型	长度(单位 bit)	范　围
char	8	$-128 \sim +127$ 即 $-2^7 \sim (2^7-1)$
int	16	$-32768 \sim +32767$ 即 $-2^{15} \sim (2^{15}-1)$
float	32	$-3.4\times10^{-38} \sim 3.4\times10^{38}$

2.8.1 标识符

在 C 语言中，标识符是对变量、函数名和其他各种用户定义对象的命名。标识符的长度可以是一个或多个字符。绝大多数情况下，标识符的第一个字符必须是字母或下划线，随后的字符必须是字母、数字或下划线(某些 C 语言编译器可能不允许下划线作为标识符的起始字符)。表 2-2 是一些正确或错误标识符命名的实例。

正确或错误标识符命名实例　　表 2-2

正确形式	错误形式
count	2count
test23	hi! there
high_balance	high. . balance

2.8.2 常量

C 语言中的常量是不接受程序修改的固定值，常量可以为任意数据类型，如下例所示：

char 'a'、'9'

int 21 、-234

2.8.3 变量

程序中可以改变的量称为变量。一个变量应该有一个名字(标识符)。变量在内存中占据一定的存储单元，该存储单元中存放变量的值。请注意区分变量名和变量值这两个不同的概念。所有 C 语言变量必须在使用之前定义。定义变量的一般形式是：

type variable_list;

这里的 type 必须是有效的 C 数据类型，variable_list(变量表)可以由一个或多个由逗号分隔的多个标识符名构成。下面给出一些定义的范例：

int i,j,k;

char 'x','y','z';

注意:C 语言中变量名与其类型无关。

2.8.4 表达式

表达式由运算符、常量及变量构成。C 语言的表达式遵循一般代数规则。

C 语言规定:任何表达式在其末尾加上分号就构成为语句。

2.8.5 运算符

C 语言有 3 大运算符:算术、关系与逻辑、位操作。另外,C 语言还有一些特殊的运算符,用于完成一些特殊的任务。

2.8.5.1 算术运算符

表 2-3 给出了 C 语言允许的算术运算符。在 C 语言中,运算符"+"、"-"、"*"和"/"的用法与大多数计算机语言相同,几乎可以用于 C 语言内定义的任何数据类型。

算术运算符 表 2-3

运算符	用处	运算符	用处
+	加法	*	乘法
-	减法	/	除法

2.8.5.2 赋值运算符

赋值运算符记为"="。由"="连接的式子称为赋值表达式,其后加分号构成赋值语句,其一般形式为:

变量 = 表达式;

现在来看看 main 函数是如何工作的。

int i;

定义了一个整型变量 i。i 即是变量的标识符。分号表示结束。

uart_Init();

与上一个例程一样,规定单片机串口如何与 PC 机通信的。

i=7*11;

将表达式"7*11"的值赋给变量 i,也就是说变量 i 的值为 77。

printf("What's 7 * 11? \n");

输出"What's 7 * 11?",这里 printf 的用法与上一个例程一样。

printf("The answer is :%d\n",i);

这里用到了 printf 函数的格式字符串输出。%d 是指定输出数据的类型为十进制整数。printf 函数首先输出"The answer is :";然后它遇到了"%d",表示将后面输出列表中的变量以十进制的形式输出,即将变量 i 以"77"的形式输出;最后的输出结果即为:The answer is :77。

最后一条语句:while(1);也起到与在上例中同样的作用:防止程序跑飞。

2.9 任务五 做完实验关断电源

把电源从教学底板上断开很重要。原因有几点:首先,如果系统不使用即没有消耗电能,电池可以用得更久;其次,在以后的试验中,你将在教学板的面包板上搭建电路。搭建电路时,应使面包板断电。如果是在教室，老师会有更多的要求，比如断开串口电缆，把教学底板存放到安全的地方等。总之，你做完试验后最重要的一步是断开电源。

断开电源比较容易，只要三位开关拨到左边的 0 位即可。

本章小结

(1)C51 系列单片机 Keil uVision IDE(集成开发环境)软件和 ISP 下载软件的下载和安装。

(2)机器人用 C51 教学板与计算机或者笔记本的连接。

(3)如何在集成开发环境中创建目标工程文件，并添加和编辑 C 语言源程序。

(4)C 语言程序的编译和下载。

(5)串口调试终端的使用。

(6)C 语言基本知识：基本数据类型、常量、变量、运算符、表达式。

(7)printf 格式输出函数的使用。

习 题

1. 比较 Keil uVision IDE 与 BASIC Stamp 系列开发环境的优缺点，找出它们的共同特点。

2. 比较第一个 C 语言程序与第一个 PBASIC 程序的异同。

3. 比较 BASIC Stamp 的 PBASIC 调试指令和 Keil C 的输出指令 printf 的异同。

4. 查找 C 语言的标准输入输出库函数，了解 printf 的总体功能。本章中用到了它的两个格式符和控制符。

5. 查阅参考书，了解其他数据类型、算术运算符知识。

第 3 章　单片机输出接口与伺服电动机控制

本章教你如何用单片机 AT89S52 的输入/输出接口来连接、测试和控制机器人伺服电动机。为此需要理解和掌握用单片机输入/输出接口控制伺服电动机方向、速度和运行时间的相关原理和编程技术。

3.1　C51 单片机的输入/输出接口

控制机器人伺服电动机以不同速度运动，是通过让单片机的输入/输出（I/O）口输出不同的脉冲序列来实现的。51 系列单片机有 4 个 8 位的并行 I/O 口：P0、P1、P2 和 P3。这 4 个接口，既可以作为输入，也可以作为输出；可按 8 位处理，也可按位方式（1 位）使用。图 3-1 是单片机 AT89S52 的引脚定义图。这是一个标准的 40 引脚双列直插式集成电路芯片。

说到这里，你或许马上就会问，单片机如何知道它的引脚端口是作为输入还是输出呢？

这与单片机各 I/O 接口的内部结构有关，而且每个 8 位并行 I/O 口的使用方式也不太一样。后面的章节会根据机器人控制的需要逐步介绍它们的原理和使用方法。本章主要介绍如何用 P1 口来完成机器人伺服电动机的控制。P1 口作为输出时，使用非常简单。可以直接对该端口的位进行操作而不需额外设置。只需向该端口的各个位输出你想输出的高低电平信号即可。

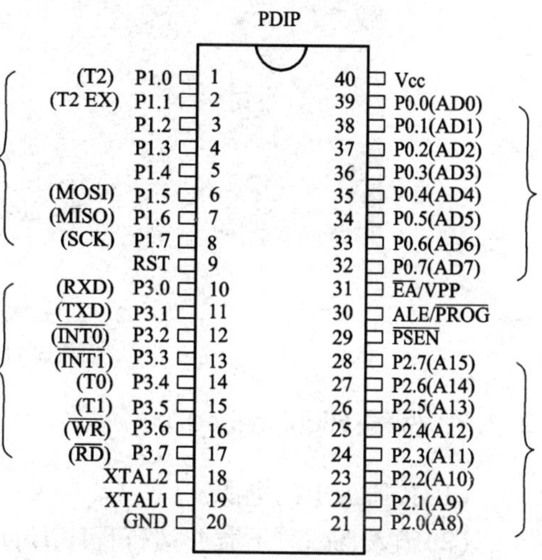

图 3-1　单片机 AT89S52 引脚 I/O 定义图

3.2　任务一　单灯闪烁控制

为了验证 P1 口的输出电平是由你编写的程序输出的，可以采用一个非常简单有效的办法，就是在你想验证的端口位接一个发光二极管。当输出高电平时，发光二极管灭；输出低电平时，发光二极管亮。

在本任务中，使用 P1 端口的第一脚（记为 P1.0）来控制发光二极管（LED）以 1Hz 的频率不断闪烁。

3.2.1　使用 LED 电路元件为：

（1）红色发光二极管 2 个。

（2）470Ω 电阻 2 个。

3.2.2 LED 电路搭建

按照图 3-2a)所示电路图,在智能机器人教学板的面包板上搭建电路。实际搭建好的电路如图 3-2b)所示。搭建电路时应注意:

- 确认发光二极管的短针脚(阴极)通过电阻与 P1.0 相连。
- 确认发光二极管的长针脚(阳极)接入"Vcc"插口。

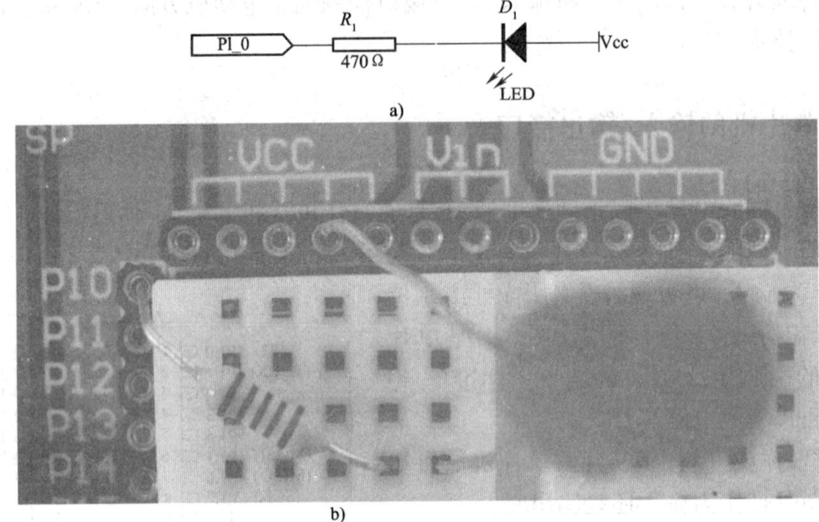

图 3-2 发光二极管(LED)与 I/O 脚 P1_0 的连接
a)搭建 LED 电路图;b)实际接线图

3.2.3 例程:HighLowLed. c

(1)接通板上的电源。
(2)输入、保存、下载并运行程序 HighLowLed. c(整个过程请参考第 1 章)。
(3)观察与 P1.0 连接的 LED 是否每隔一秒发光、熄灭一次。

```
#include <BoeBot.h>
#include <uart.h>
int main(void)
{
  uart_Init();                //初始化串口
  printf("The LED connected to P1_0 is blinking! \n");
  while(1)
  {
    P1_0 =1;                  // P1_0 输出高电平
    delay_nms(500);           //延时 500ms
    P1_0 =0;                  // P1_0 输出低电平
    delay_nms(500);           //延时 500ms
  }
}
```

3.2.4 HighLowLed.c 是如何工作的?

与第1章程序相比,本例程多使用了一个头文件 BoeBot.h。在该头文件中定义了两个延时函数:void delay_nms(unsigned int i)与 void delay_nus(unsigned int n)。

3.2.4.1 无符号整型数据 unsigned int

与第1章讲到的整型数据 int 相比,无符号整型数据 unsigned int 与其不同。数据的取值范围从 -32768 ~ +32767 变为 0 ~ 65535,也就是说无符号整型数据只能取非负整数。

delay_nms( )是毫秒级的延时,而 delay_nus( )是微秒级的延时。如果你想延时 1s,可以使用语句 delay_nms(1000); 1ms 的延时则用 delay_nus(1000)来完成。

uart_Init();串口初始化函数,在头文件 uart.h 中实现,用来规定单片机串口是如何与 PC 机通信的。

调用 printf 是为了在程序执行前给调试终端发送一条提示信息,告诉你现在程序开始执行了,并告诉你随后程序将干什么。这是一个好的方法,将非常有助于提高程序的调试效率。代码段:

```
while(1)
{
  P1_0 =1;              // P1_0 输出高电平
  delay_nms(500);       //延时 500ms
  P1_0 =0;              // P1_0 输出低电平
  delay_nms(500);       //延时 500ms
}
```

以上程序是本例程的功能主体。首先看两个大括号中的代码:先给 P1_0 脚输出高电平,由赋值语句 P1_0 = 1 完成,然后调用延时函数 delay_nms(500),让单片机微控制器等待 500ms,再给 P1_0 脚输出低电平,即 P1_0 = 0,然后再次调用延时函数 delay_nms(500)。这样就完成了一次闪烁。在程序中,你没有看到 P1_0 的定义,它已经由 C 语言为 C51 开发的标准库中定义好,由头文件 uart.h 定义。后续章节中将要用到的其他引脚名称和定义也都是如此。

例程中两次调用延时函数,让单片机微控制器在给 P1_0 引脚端口输出高电平和低电平时都延时 500ms,即输出的高电平和低电平都保持 500ms。

微控制器的最大优点之一就是它们能不停地重复做同样的事情。为了让单片机不断闪烁,你需要把 LED 闪烁一次的几个语句放在 while(1){…}循环里。这里用到了 C 语言实现循环结构的一种形式。

3.2.4.2 while 语句

while 语句的一般形式如下:

while(表达式) 循环体语句

当表达式为非 0 值时,执行 while 语句中的内嵌语句,其特点是先判断表达式,后执行语句。例程中直接用 1 代替了表达式,所以总是非 0 值,因此循环永不结束,也就可以一直让 LED 灯闪烁。

3.2.4.3 时序图简介

时序图反应的是高、低电压信号与时间的关系图。在图 3-3 中,时间从左到右增长,高、低电压信号随着时间在0V或5V间变化。这个时序图显示的是刚才实验中的1000ms的高、低电压信号片段。右边的省略号表示这些信号是重复出现的。

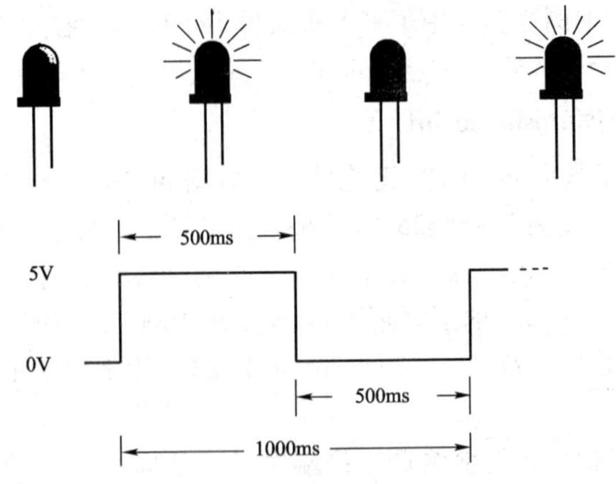

图3-3 程序 HighLowLed. c 的时序图

3.2.4.4 该你了——让另一个LED闪烁

让另一个连接到P1_1管脚的LED闪烁是一件很容易的事情。把P1_0改为P1_1,重新运行程序即可。

参考下面的代码段修改程序:

```
uart_Init();
printf("The LED connected to P1_1 is blinking!");
while(1)
{
  P1_1 =1;                 // P1_1 输出高电平
  delay_nms(500);          //延时 500ms
  P1_1 =0;                 // P1_1 输出低电平
  delay_nms(500);          //延时 500ms
}
```

运行修改后的程序,确实能让LED闪烁。

你也可以让两个LED同时闪烁。参考下面代码段修改程序:

```
uart_Init();
printf("The LEDs connected to P1_0 and P1_1 are blinking! \n");
while(1)
{
  P1_0 =1;                 // P1_0 输出高电平
  P1_1 =1;                 // P1_1 输出高电平
  delay_nms(500);          //延时 500ms
  P1_0 =0;                 // P1_0 输出低电平
  P1_1 =0;                 // P1_0 输出低电平
  delay_nms(500);          //延时 500ms
}
```

运行修改后的程序，确实能让两个 LED 几乎同时闪烁。

当然，你可以再次修改程序，让两个发光二极管交替亮或灭，你也可以通过改变延时函数的参数 n 值，来改变 LED 的闪烁频率。

3.3 任务二 机器人伺服电动机控制信号

控制伺服电动机转动速度的信号脉冲如图 3-4、图 3-5 和图 3-6 所示。

图 3-4 所示是高电平持续 1.5ms 低电平持续 20ms，然后不断重复的控制脉冲序列。该脉冲序列发给经过零点标定后的伺服电动机，伺服电动机不会旋转。如果此时你的电动机旋转，表明电动机需要标定。从图 3-4、图 3-5 和图 3-6 可知，控制电动机转速的是高电平持续的时间。当高电平持续时间为 1.3ms 时，电动机顺时针旋转。当高电平持续时间为 1.7ms 时，电动机逆时针旋转。

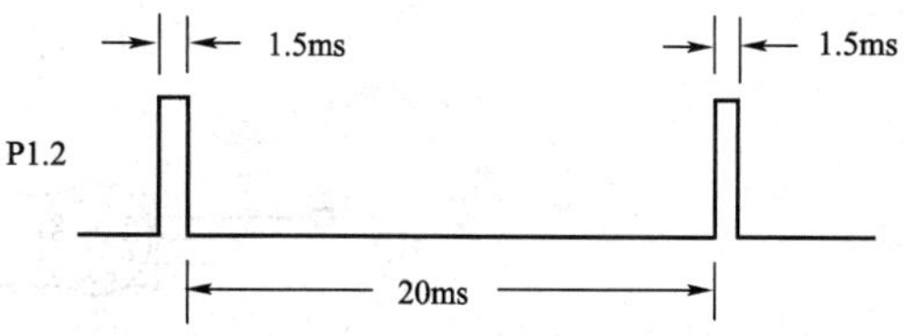

图 3-4 电动机转速为零的控制信号时序图

下面你将看到如何给单片机微控制器编程，使 P1 端口的第一脚（P1.0）发出伺服电动机的控制信号。

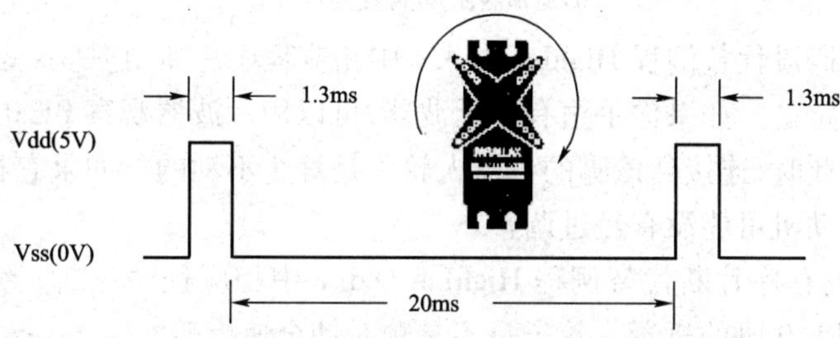

图 3-5 1.3ms 连续脉冲序列使电动机顺时针旋转

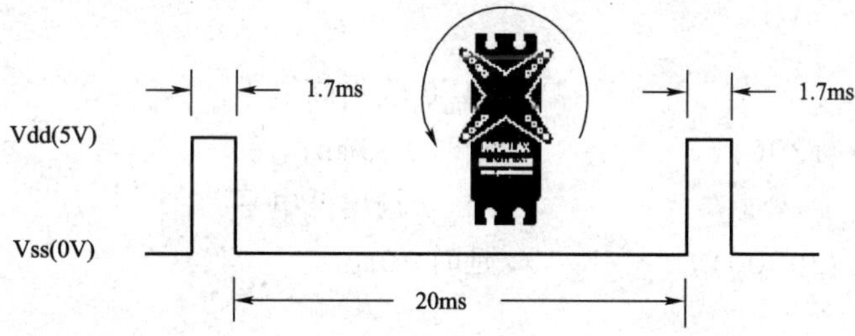

图 3-6 1.7ms 连续脉冲序列使电动机逆时针旋转

在进行下面的实验之前，你必须首先确认一下机器人两个伺服电动机的控制线是否已经正确地连接到了 C51 单片机教学板的两个专用电动机控制接口上。参照图 3-7 所示的电动机连接原理图和实际接线图进行检查。从图 3-7 可知，P1.0 引脚的控制输出用来控制右边的伺服电动机，而 P1.1 则用来控制左边的伺服电动机。

显然这里对微控制器编程发给伺服电动机的高、低电平信号的时间必须精确。因为单片机只有整数，没有小数，所以要生成伺服电动机的控制信号，要求具有比 delay_nms() 函数的时间更精确的函数，这就需要用另一个延时函数 delay_nus(unsigned int n)。前面已经介绍过，这个函数可以实现更小的延时，它的延时单位是微秒，即千分之一毫秒，参数 n 为延时微秒数。

看看下面的代码片断:

```
while(1)
{
  P1_0 =1;                    //P1_0 输出高电平
  delay_nus(1500);            //延时 1.5ms
  P1_0 =0;                    //P1_0 输出低电平
  delay_nus(20000);           //延时 20ms
}
```

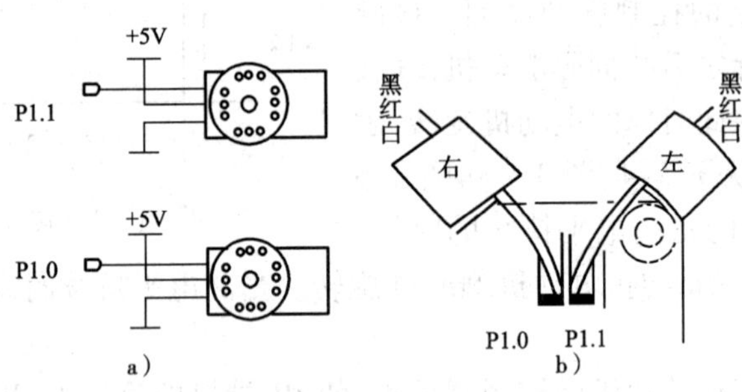

图 3-7　伺服电动机与教学底板的连线图

a)原理图;b)实际接线示意图

如果用这个代码段代替例程 HighLowLed.c 中相应程序片断,它是不是就会输出图 3-4 所示的脉冲信号?肯定是。如果你手边有个示波器,可以用示波器观察 P1.0 脚输出的波形是不是如图 3-4 所示。此时,连接到该脚的机器人轮子是静止不动的。如果它在慢慢转动,就说明你的机器人伺服电动机可能没有经过调整。

同样,用下面的程序片断代替例程 HighLowLed.c 中相应程序片断。编译、连接下载执行代码,观察连接到 P1.0 脚的机器人轮子是不是顺时针全速旋转?

```
while(1)
{
  P1_0 =1;                    //P1_0 输出高电平
  delay_nus(1300);            //延时 1.3ms
  P1_0 =0;                    //P1_0 输出低电平
  delay_nus(20000);           //延时 20ms
}
```

用下面的程序片断代替例程 HighLowLed.c 中相应程序片断。编译、连接下载执行代码,观察连接到 P1.0 脚的机器人轮子是不是逆时针全速旋转?

```
while(1)
{
  P1_0 =1;                    //P1_0 输出高电平
  delay_nus(1700);            //延时 1.7ms
  P1_0 =0;                    //P1_0 输出低电平
  delay_nus(20000);           //延时 20ms
}
```

3.3.1 该你了——让机器人的两个轮子全速旋转

刚才是让连接到 P1.0 脚的伺服电动机轮子全速旋转,下面你自己可以修改程序让连接到 P1.1 机器人的轮子全速旋转。

当然,最后你需要修改程序,让机器人的两个轮子都能够旋转。让机器人两个轮子都顺时针全速旋转的程序参考如下。

3.3.2 例程:BothServoClockwise.c

(1)接通板上的电源。

(2)输入、保存、下载并运行程序 BothServoClockwsie.c(整个过程请参考第 2 章)。

(3)观察机器人的运动行为。

```
#include <BoeBot.h>
#include <uart.h>
int main(void)
{
    uart_Init();                          //初始化串口
    printf("The LEDs connected to P1_0 and P1_1 are blinking! \n");
    while(1)
    {
        P1_0 =1;                          //P1_0 输出高电平
        P1_1 =1;                          //P1_1 输出高电平
        delay_nms(1300);                  //延时 1.3ms
        P1_0 =0;                          //P1_0 输出低电平
        P1_1 =0;                          //P1_1 输出低电平
        delay_nms(20);                    //延时 20ms
    }
}
```

注意上述程序用到了两个不同的延时函数,效果与前面例子一样。运行上述程序时,你是不是对机器人的运动行为感到惊讶。如果你已经学习过基础机器人制作方面的知识,你就不会对此感到惊讶;如果没有学过,后面的章节将会介绍为何会这样。

3.4 任务三 计数并控制循环次数

任务二中已经通过对 C51 编程实现对机器人伺服电动机的控制。为了让微控制器不断发出控制指令,你用到了以 while(1)开头的死循环(永不结束的循环)。不过在实际的机器人控制过程中,你会经常要求机器人运动一段给定的距离或者一段固定的时间。这时就需要你能控制代码执行的次数。

3.4.1 for 语句

控制一段代码执行次数的最方便的方法是使用 for 循环,语法如下:

for(表达式1;表达式2;表达式3)语句

它的执行过程如下:

(1)首先求解表达式1。

(2)求解表达式2,若其值为真(非0),则执行for语句中指定的内嵌语句,然后执行下面第(3)步;若其值为假(0),则结束循环,转到第(5)步。

(3)求解表达式3。

(4)转回上面第(2)步继续执行。

(5)循环结束,执行for语句下面的一个语句。

for语句最简单的应用形式也就是最易理解的形式如下:

for(循环变量赋初值;循环条件;循环变量增/减值)语句

例如,下面是一个用整型变量myCounter来计数的for循环程序片断。每执行一次循环,它会显示myCounter的值。

```
for(myCounter=1; myCounter<=10; myCounter++)
{
  printf("%d",myCounter);
  delay_nms(500);
}
```

在这里,向你介绍新的算术运算符。

3.4.2 自增和自减

C语言有两个很有用的运算符——自增和自减,“++”和“--”。

运算符“++”是操作数加1,而“--”是操作数减1。换句话说:“x=x+1;”同“x++”;“x=x-1;”同“x--;”。

myCounter ++的作用就相当于myCounter = myCounter +1,只不过这样用起来更简洁。这也是C语言的特点,灵活简洁。

3.4.3 该你了——不同的初始值和终值以及计数步长

你可以修改表达式3来使myCounter以不同步长计数,而不是按9, 10, 11……来计。你可以让它每次增加2(9, 11,13……)或增加5 (10, 15, 20……),或任何你想要的步进。递增或递减都可以。下面的例子是每次减3。

```
for(myCounter=21; myCounter>=9; myCounter=myCounter-3)
{
  printf("%d\n",myCounter);
  delay_nms(500);
}
```

3.4.4 for循环控制电动机的运行时间

到目前为止,你已经理解了用脉冲宽度控制连续旋转电动机速度和方向的原理。控制电动机速度和方向的方法是非常简单的。控制电动机运行的时间也非常简单,那就是用for循环。

下面是for循环的例子,它会使电动机运行几秒钟。

```
for(Counter =1;Counter < =100;i + +)
{
  P1_1 =1;
  delay_nus(1700);
  P1_1 =0;
  delay_nms(20);
}
```

让我们来计算一下这个代码能使电动机转动的确切时间。每循环一次,delay_nus(1700)持续 1.7 ms,delay_nms(20)持续 20ms,其他语句的执行时间很少,可忽略。那么 for 循环整体执行一次的时间是:1.7 ms + 20 ms = 21.7ms,本循环执行 100 次,即 21.7ms 乘以 100,时间 = 100 * 21.7ms = 100 * 0.0217s = 2.17s。

假如你要让电动机运行 4.34s,for 循环必须执行上面两倍的时间。

```
for(Counter =1;Counter < =200;i + +)
{
  P1_1 =1;
  delay_nus(1700);
  P1_1 =0;
  delay_nms(20);
}
```

3.4.5 例程:ControlServoRunTimes.c

(1)输入、保存并运行程序 ControlServoRunTimes.c。

(2)验证与 P1.1 连接的电动机是否逆时针转动 2.17s;与 P1.0 连接的电动机是否转动 4.34s。

```
#include <BoeBot.h>
#include <uart.h>
int main(void)
{
  int Counter;

  uart_Init();
  printf("Program Running! \n");

  for(Counter =1;Counter < =100;Counter + +)
  {
    P1_1 =1;
    delay_nus(1700);
    P1_1 =0;
    delay_nms(20);
  }
  for(Counter =1;Counter < =200;Counter + +)
```

```
  {
    P1_0 =1;
    delay_nus(1700);
    P1_0 =0;
    delay_nms(20);
  }
  while(1);
}
```

假如你想让两个电动机同时运行，使得与 P1.1 连接的电机发出 1.7ms 的脉宽，使得与 P1.0 连接的电机发出 1.3ms 的脉宽，每循环一次要用的时间是：

1.7ms(与 P1.1 连接的电机) +1.3ms(与 P1.0 连接的电机) +20 ms(中断持续时间) =23 ms

如果你想使机器人运行一段确定的时间，可以计算如下：

$$脉冲数量 = 时间/0.023s = 时间/0.023$$

假如你想让电机运行 3s，计算如下：

$$脉冲数量 = 3 / 0.023 \approx 130$$

现在，你可以将 for 循环作如下修改，程序如下：

```
for(counter =1;counter < =130;i + +)
{
  P1_1 =1;
  delay_nus(1700);
  P1_1 =0;
  P1_0 =1;
  delay_nus(1300);
  P1_0 =0;

  delay_nms(20);
}
```

3.4.6 例程：BothServosThreeSeconds.c

下面是使电动机向一个方向旋转 3s，然后反向旋转的例子。

输入、保存并运行程序 BothServosThreeSeconds.c

```
#include <BoeBot.h>
#include <uart.h>
int main(void)
{
  int counter;
  uart_Init();
  printf("Program Running! \n");

  for(counter =1;counter < =130;counter + +)
```

```
    {
      P1_1 =1;
      delay_nus(1700);
      P1_1 =0;

      P1_0 =1;
      delay_nus(1300);
      P1_0 =0;
      delay_nms(20);
    }
    for(counter =1;counter < =130;counter + +)
    {
      P1_1 =1;
      delay_nus(1300);
      P1_1 =0;

      P1_0 =1;
      delay_nus(1700);
      P1_0 =0;
      delay_nms(20);
    }
    while(1);
}
```

验证机器人是否沿一个方向运行3s,然后反方向运行3s。你是否注意到当每个电动机同时反向的时候,车轮总是保持同步运行?这将有什么作用呢?

3.5 任务四 用你的计算机来控制机器人的运动

单片机与计算机需要经常通信。一方面,单片机需要读取周边传感器的信息,并把数据传给计算机;另一方面,计算机需要解释和分析传感器数据,然后把分析结果或者决策发给单片机以执行某种操作。

在第1章中你已经知道C51单片机可以通过串口向计算机发送信息。本章将使用串口和串口调试终端软件,通过从计算机向单片机发送数据来控制机器人的运动。

在本任务中,你需要编程让C51单片机从调试窗口接收两个数据:

(1)由单片机发给伺服电动机的脉冲个数;

(2)脉冲宽度(以微秒为单位)。

3.5.1 例程:ControlServoWithComputer. c

(1)输入、保存、下载并运行程序 ControlServoWithComputer. c。

(2)验证机器人各个轮子的转动是否同你期望的运动一样。

```
#include <BoeBot.h>
#include <uart.h>
int main(void)
{
  int Counter;
  int PulseNumber,PulseDuration;
  uart_Init();
  printf("Program Running! \n");

  printf("Please input pulse number:\n");
  scanf("%d",&PulseNumber);
  printf("Please input pulse duration:\n");
  scanf("%d",&PulseDuration);

  for(Counter=1;Counter<=PulseNumber;Counter++)
  {
    P1_1=1;
    delay_nus(PulseDuration);
    P1_1=0;
    delay_nms(20);
  }
  for(Counter=1;Counter<=PulseNumber;Counter++)
  {
    P1_0=1;
    delay_nus(PulseDuration);
    P1_0=0;
    delay_nms(20);
  }
  while(1);
}
```

ControlServoWithComputer. c 是如何工作的？

单片机通过串口从计算机读取输入的数据，需要用到格式输入函数。

3.5.2 scanf 函数

scanf 函数与 printf 函数对应，在 C51 库的 stdio. h 中定义。下面是它的一般形式：

scanf("格式控制字符串"，地址表列)；

"格式控制字符串"的作用与 printf 函数相同，但不能显示非格式字符串，也就是不能显示提示字符串。

地址表列中给出各变量的地址。地址是由地址运算符"&"后跟变量名组成的。如"&a"表示变量 a 的地址。这个地址是编译系统在存储器中给变量 a 分配的地址。你不必关心具体的地址是多少。

scanf("%d",&PulseNumber);将会把你输入的十进制整数赋给变量 PulseNumber。

程序运行过程(见图3-8)如下:

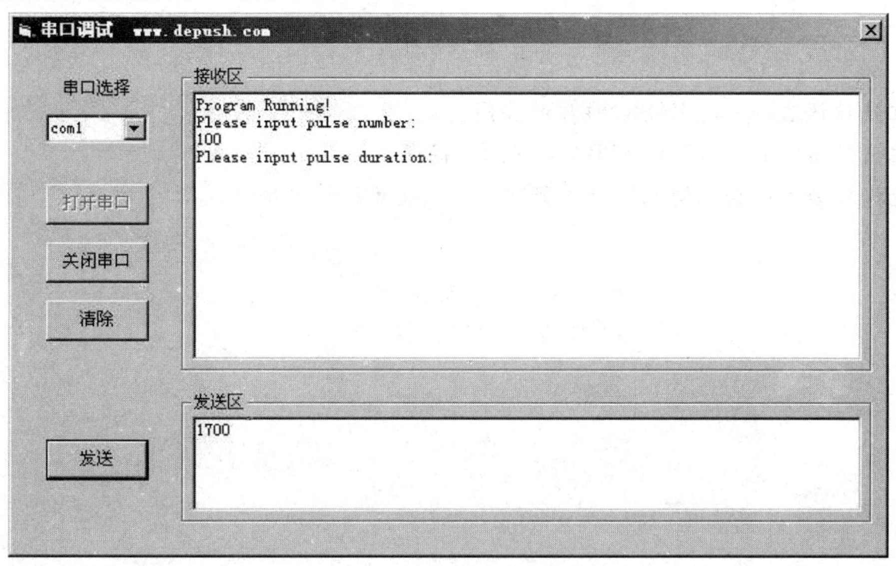

图3-8 例程运行过程

(1)首先输出"Program Running!"和"Please input pulse number:"。

(2)程序处于等待状态,等待你输入数据。

(3)将输入数据给变量 PulseNumber。

(4)输出"Please input pulse duration:"。

(5)又处于等待状态。

(6)将输入数据给变量 PulseDuration。

(7)电动机运转。

3.5.3 一次输入多个数据

当要求输入数据比较多时,上述方法是不是很麻烦?下面的代码可以让你一次输入两个数据,两个数据之间用空格隔开。

```
printf("Please input pulse number and pulse duration:\n");
scanf("%d %d",&PulseNumber,&PulseDuration);
```

想一想,如果要输入三个以上数据,程序代码段该怎样写呢?

本章小结

(1)C51系列单片机的引脚定义和分布。

(2)用C51单片机的P1端口的位输出控制单灯和双灯闪烁,时序图的概念,while循环的引入和延时函数的使用。

(3)机器人伺服电动机的控制脉冲序列。通过给C51编程让其输出这些控制脉冲序列。

(4)自增运算符的使用。

(5)使用 for 循环控制机器人的运动。

(6)如何通过串口输入数据控制机器人的运动?

习　　题

1. 比较 C 语言程序与 BASIC 程序的异同。

2. 比较 C 语言的 for 循环和 PBASIC 的 for 循环。

3. 查找 C 语言的标准输入输出库函数,了解 scanf 的总体功能。

第 4 章　C 语言函数与机器人巡航控制

通过对单片机编程可以使机器人完成各种巡航动作。本章所要介绍的这些巡航动作和编程技术在后面的章节都会用到。与后面章节唯一不同的是：本章机器人在无感觉的情况下巡航，而在后面的章节中，机器人将根据传感器检测到的信息进行智能巡航。

本章所要完成的主要任务如下：

（1）对单片机编程使机器人做一些基本巡航动作：向前、向后、左转、右转和原地旋转。

（2）编写程序使机器人由突然启动或停止变为逐步加速或减速运动。

（3）写一些执行基本巡航动作的函数，每一个函数都能够被多次调用。

（4）将复杂巡航运动记录在数组中，编写程序执行这些巡航运动。

4.1　任务一　基本巡航动作

图 4-1 定义了机器人的前后左右四个方向：当机器人向前走时，它将走向本页纸的右边；当向后走时，会走向纸的左边；向左转会使其向纸的顶端移动；向右转它会朝着本页纸的底端移动。

4.1.1　向前巡航

按照图 4-1 前进方向的定义，机器人向前走时，两个轮子都应该向前滚，因为在机器人内部驱动两个轮子转动的两个伺服电动机是背靠着背安装的，因此当两个轮子都向前滚动时，从机器人的左边看，机器人向前走时驱动左边车轮的伺服电动机是逆时针旋转，它带动着左边车轮逆时针滚动，驱动左边车轮向前滚；而从机器人的右边看，驱动右边车轮的伺服电动机是顺时针旋转的，它带动着右边车轮顺时针滚动，驱动右边车轮向前滚。这样两个车轮同时向前滚动，使得机器人向前走。

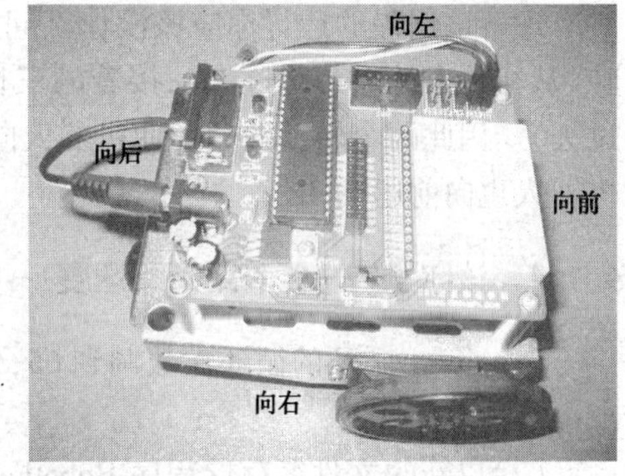

图 4-1　机器人及其前进方向的定义

回忆一下第 3 章的内容，发给单片机控制引脚的高电平持续时间决定了伺服电动机旋转的速度和方向。for 循环的参数控制了发送给电动机的脉冲数量。由于每个脉冲的总时间是相同的，因而 for 循环的参数也控制了伺服电动机运行的时间。下面是使机器人向前走 3s 的程序实例。

4.1.2　例程：RobotForwardThreeSeconds. c

（1）确保控制器和伺服电动机都已接通电源。

（2）输入、保存、编译、下载并运行程序 RobotForwardThreeSeconds. c。

```
#include <BoeBot.h>
#include <uart.h>
int main(void)
```

```
{
    int counter;
    uart_Init();
    printf("Program Running! \n");

    for(counter =0;counter <130;counter + +)//运行 3s
    {
      P1_1 =1;
      delay_nus(1700);
      P1_1 =0;

      P1_0 =1;
      delay_nus(1300);
      P1_0 =0;

      delay_nms(20);
    }
    while(1);
}
```

4.1.3 RobotForwardThreeSeconds. c 是如何工作的?

理解该例程的运行你应该没什么问题。for 循环体中前三行语句使左侧电动机逆时针旋转(从机器人的左边看过去),接着的三行语句使右侧电动机顺时针旋转(从机器人的右边看过去)。因此两个转动的轮子使机器人向前行走。整个 for 循环执行 130 次大约需要 3s,从而机器人也向前运动 3s。

4.1.4 该你了——调节距离和速度

(1)将 for 循环的循环次数调到 65,你可以使机器人运行时间减少到上例的一半,运行距离也是一半。

(2)以新的文件名存储程序 RobotForwardThreeSeconds. c。

(3)运行程序来验证运行的时间和距离是否是上例的一半。

(4)将 for 循环的循环次数调到 260,重复这些步骤。

delay_nus 函数的参数 n 为 1700 和 1300 都使电动机接近它们的最大速度旋转。把每个 delay_nus函数的参数 n 设定得更接近让电动机保持停止的值——1500,可以使机器人减速。

更改程序中相应的代码片段:

```
P1_1 =1;
delay_nus(1560);
P1_1 =0;
P1_0 =1;
delay_nus(1440);
```

```
P1_0 =0;
delay_nms(20);
```

运行程序,验证一下机器人运行速度是否减慢。

4.1.5 向后走,原地转弯和绕轴旋转

将 delay_nus 函数的参数 n 以不同的值组合就可以使机器人以其他的方式运行。下面的程序片段可以使其向后走。

```
P1_1 =1;
delay_nus(1300);
P1_1 =0;
P1_0 =1;
delay_nus(1700);
P1_0 =0;
delay_nms(20);
```

下面的程序片段可以使你的机器人原地左转。

```
P1_1 =1;
delay_nus(1300);
P1_1 =0;
P1_0 =1;
delay_nus(1300);
P1_0 =0;
delay_nms(20);
```

下面的程序可以使你的机器人原地右转。

```
P1_1 =1;
delay_nus(1700);
P1_1 =0;
P1_0 -1;
delay_nus(1700);
P1_0 =0;
delay_nms(20);
```

你可以把上述命令组合到一个程序中让机器人向前走、左转、右转以及向后走。

4.1.6 例程:ForwardLeftRightBackward. c

输入、保存并运行程序 ForwardLeftRightBackward. c。

```
#include <BoeBot.h>
#include <uart.h>
int main(void)
{
    int counter;
    uart_Init();
```

```
printf("Program Running! \n");

for(counter =1;counter < =65;counter + +)//向前
{
  P1_1 =1;
  delay_nus(1700);
  P1_1 =0;

  P1_0 =1;
  delay_nus(1300);
  P1_0 =0;

  delay_nms(20);
}

for(counter =1;counter < =26;counter + +)//向左转
{
  P1_1 =1;
  delay_nus(1300);
  P1_1 =0;

  P1_0 =1;
  delay_nus(1300);
  P1_0 =0;

  delay_nms(20);
}

for(counter =1;counter < =26;counter + +)//向右转
{
  P1_1 =1;
  delay_nus(1700);
  P1_1 =0;

  P1_0 =1;
  delay_nus(1700);
  P1_0 =0;

  delay_nms(20);
}
```

```
    for(counter =1;counter < =65;counter + +)//向后
    {
      P1_1 =1;
      delay_nus(1300);
      P1_1 =0;

      P1_0 =1;
      delay_nus(1700);
      P1_0 =0;

      delay_nms(20);
    }
    while(1);
}
```

4.1.7 该你了——以一个轮子为支点旋转

你可以使机器人绕一个轮子旋转。诀窍是使一个轮子不动而另一个旋转。例如,保持左轮不动而右轮从前面顺时针旋转。机器人将以左轮为轴旋转。

```
P1_1 =1;
delay_nus(1500);
P1_1 =0;
P1_0 =1;
delay_nus(1300);
P1_0 =0;
delay_nms(20);
```

如果你想使它从前面向右旋转,很简单,停止右轮,左轮从前面逆时针旋转。

```
P1_1 =1;
delay_nus(1700);
P1_1 =0;
P1_0 =1;
delay_nus(1500);
P1_0 =0;
delay_nms(20);
```

这些命令使机器人从后面向右旋转。

```
P1_1 =1;
delay_nus(1300);
P1_1 =0;
P1_0 =1;
delay_nus(1500);
```

```
P1_0 =0;
delay_nms(20);
```

最后这些命令使机器人从后面向左旋转。

```
P1_1 =1;
delay_nus(1500);
P1_1 =0;
P1_0 =1;
delay_nus(1700);
P1_0 =0;
delay_nms(20);
```

把 ForwardLeftRightBackward. c 另存为 PivotTests. c。

用刚讨论过的代码片段替代前进、左转、右转和后退相应的代码片段。通过更改每个 for 循环的循环次数来调整每个动作的运行时间,更改注释来反映每个新的旋转动作。

运行更改后的程序,验证上述旋转运动。

4.2 任务二 匀加速/减速运动

在前面机器人运动过程中,你是否发现机器人在每次启动和停止的时候,是不是有些太快,从而导致机器人几乎要倾倒。为什么会这样呢?

回忆一下你学过的物理知识,还记得牛顿第二定律和运动学知识吗?前面的程序总是直接就给机器人伺服电动机输出最大速度控制命令。根据运动学知识,一个物体要从零加速到最大运动速度时,时间越短,所需加速度就越大。而根据牛顿定律,加速度越大,物体所受的惯性力就越大。因此,前面的程序因为没有给机器人足够的加速时间,所以受到的惯性力就比较大,从而导致机器人在启动和停止时有一个较大的前倾力或者后坐力。要消除这种情况,就必须让机器人速度渐渐增加或渐渐减小。采用均匀加速/减速是一种比较好的速度控制策略。这样不仅可以让机器人运动得更加平稳,还可以增加机器人电动机的使用寿命。

4.2.1 编写匀加速运动程序

匀加速运动程序片段示例:

```
for(pulseCount =10;pulseCount < =200;pulseCount =pulseCount +10)
{
    P1_1 =1;
    delay_nus(1500 +pulseCount);
    P1_1 =0;

    P1_0 =1;
    delay_nus(1500 -pulseCount);
    P1_0 =0;
    delay_nms(20);
}
```

上述 for 循环语句能使机器人的速度由停止到全速。循环每重复执行一次，变量 pulseCount就增加 10。第一次循环时，变量 pulseCount 的值是 10，此时发给 P1_1、P1_0 的脉冲的宽度分别为 1.51ms、1.49ms；第二次循环时，变量 pulseCount 的值是 20，此时发给 P1_1、P1_0的脉冲的宽度分别为 1.52ms、1.48ms。随着变量 pulseCount 值的增加，电动机的速度也在逐渐增加。到执行第 20 次循环时，变量 pulseCount 的值是 200，此时发给 P1_1、P1_0 的脉冲的宽度分别为 1.7ms、1.3ms，电动机全速运转。

回顾第 3 章任务三，for 循环也可以由高向低记数。你可以通过使用 for(pulseCount = 200; pulseCount > = 0; pulseCount = pulseCount - 10) 来实现速度的逐渐减小。下面是一个使用 for 循环来实现电动机速度逐渐增加到全速，然后逐步减小的例子。

4.2.2 例程：StartAndStopWithRamping.c

```
#include <BoeBot.h>
#include <uart.h>
int main(void)
{
    int pulseCount;
    uart_Init();
    printf("Program Running! \n");

    for(pulseCount =10;pulseCount < =200;pulseCount =pulseCount +10)
    {
        P1_1 =1;
        delay_nus(1500 +pulseCount);
        P1_1 =0;

        P1_0 =1;
        delay_nus(1500  pulseCount);
        P1_0 =0;
        delay_nms(20);
    }

    for(pulseCount =1;pulseCount < =75;pulseCount ++)
    {
        P1_1 =1;
        delay_nus(1700);
        P1_1 =0;

        P1_0 =1;
        delay_nus(1300);
        P1_0 =0;
```

```
        delay_nms(20);
    }

    for(pulseCount =200;pulseCount > =0;pulseCount =pulseCount -10)
    {
        P1_1 =1;
        delay_nus(1500 +pulseCount);
        P1_1 =0;

        P1_0 =1;
        delay_nus(1500 -pulseCount);
        P1_0 =0;
        delay_nms(20);
    }
    while(1);
}
```

(1)输入、保存并运行程序 StartAndStopWithRamping.c。

(2)验证机器人是否逐渐加速到全速,保持一段时间,然后逐渐减速到停止。

4.2.3 该你了

你可以创建一个程序,将加速或减速与其他的运动结合起来。下面是一个逐渐增加速度向后走而不是向前走的例子。加速向后走与向前走的唯一不同之处在于发给 P1_1 的脉冲的宽度由 1.5ms 逐渐减小,而向前走是逐渐增加的。相应的,发给 P1_0 的脉冲的宽度由 1.5ms 逐步增加。

```
for(pulseCount =10;pulseCount < =200;pulseCount =pulseCount +10)
{
    P1_1 =1;
    delay_nus(1500 -pulseCount);
    P1_1 =0;
    P1_0 =1;
    delay_nus(1500 +pulseCount);
    P1_0 =0;
    delay_nms(20);
}
```

你也可以通过增加程序中两个 pulseCount 的值到 1500 来创建一个在旋转中匀变速的程序。通过逐渐减小程序中两个 pulseCount 的值,可以沿另一个方向匀变速旋转。这是一个匀变速旋转$\frac{1}{4}$周的例子。

```
for(pulseCount =1;pulseCount < =65;pulseCount + +)//匀加速向右转
{
```

```
        P1_1 =1;
        delay_nus(1500 +pulseCount);
        P1_1 =0;
        P1_0 =1;
        delay_nus(1500 +pulseCount);
        P1_0 =0;
        delay_nms(20);
    }
    for(pulseCount =65;pulseCount > =0;pulseCount - -)//匀减速向右转
    {
        P1_1 =1;
        delay_nus(1500 +pulseCount);
        P1_1 =0;
        P1_0 =1;
        delay_nus(1500 +pulseCount);
        P1_0 =0;
        delay_nms(20);
    }
```

从任务一中打开程序 ForwardLeftRightBackward. c,存为:

ForwardLeftRightBackward – Ramping. c。

更改新的程序,使机器人的每一个动作能够匀加速和匀减速。

4.3 任务三 用函数调用简化运动程序

在第 5 章,你的机器人需要执行各种运动来避开障碍物和完成其他动作。不过,无论机器人要执行何种动作,都离不开前面讨论的各种基本动作。为了各种应用程序方便地使用这些基本动作程序,你可以将这些基本动作放在函数中,供其他函数调用来简化程序。

C 语言提供了强大的函数定义功能。在本书第 1 章中已经介绍过。一个 C 程序就是由一个主函数和若干个其他函数构成的,由主函数调用其他函数,其他函数也可以相互调用。同一个函数可以被一个或多个函数调用任意多次。

实际上,为了实现复杂的程序设计,在所有的计算机高级语言中都有子程序或者子过程的概念。在 C 语言程序中,子程序的作用就是由函数来完成的。

4.3.1 从函数定义的角度来看,函数有两种

(1)标准函数,即库函数。由开发系统提供。用户不必自己定义而直接使用。只需在程序前包含有该函数原型的头文件即可在程序中直接调用,例如前面已经用到的串口标准输入(printf)和输出(scanf)函数。应该说明,不同的语言编译系统提供的库函数的数量和功能会有一些不同,但多数基本函数是相同的。

(2)用户定义函数,以解决你的专门需要。不仅要在程序中定义函数本身,而且在主调函数模块中还必须对该被调函数进行类型说明,然后才能使用。

4.3.2 从有无返回值角度来看，函数又分为以下两种

(1)有返回值函数：函数被调用执行完后将向调用者返回一个执行结果，称为函数返回值。由用户定义的返回函数值的函数，必须在函数定义中明确返回值的类型。

(2)无返回值函数：此类函数用于完成某项特定的处理任务，执行完成后不向调用者返回函数值。用户在定义此类函数时可指定它的返回为“空类型”，即“void”。

4.3.3 从主调函数和被调函数之间数据传送的角度看又可分为两种

(1)无参函数：函数定义、说明及调用中均不带参数。主调函数和被调函数之间不进行参数传送。此类函数通常用来完成一组指定的功能，可以返回或不返回函数值。

(2)有参函数：在函数定义及说明时都有参数，称为形式参数(简称为形参)。在函数调用时也必须给出参数，称为实际参数(简称为实参)。进行函数调用时，主调函数将把实参的值传送给形参，供被调函数使用。

在第1章，教材就已经给出了函数定义的一般形式：

```
类型标识符 函数名(形式参数列表)
{
    声明部分
    语句
}
```

其中类型标识符和函数名为函数头。类型标识符指明了本函数的类型，函数的类型实际上是函数返回值的类型。函数名是由用户定义的标识符。函数名后有一个括号(不可少写)。若函数无参数，则括号内可不写内容或写“void”；若有参数，则形式参数列表给出各种类型的变量，各参数之间用逗号间隔。

{}中的内容称为函数体。函数体中的声明部分，是对函数体内部用到的变量的类型说明。在很多情况下都不要求函数有返回值，此时函数类型符可以写为void。

4.3.4 main函数的返回值

前面说过，main函数是不能被其他函数调用的，那它的返回值类型int是怎么回事呢？

其实不难理解，main函数执行完之后，它的返回值是给操作系统的。虽然在main函数体内并没有什么语句来指出返回值的大小，但系统默认的处理方式是：当main函数成功执行，它的返回值为1；否则为0。

看看下面的函数定义：

```
void Forward(void)
{
    int i;
    for(i =1;i < =65;i + +)
    {
        P1_1 =1;
        delay_nus(1700);
```

```
        P1_1 =0;
        P1_0 =1;
        delay_nus(1300);
        P1_0 =0;
        delay_nms(20);
    }
}
```

Forward 函数可以使机器人向前运动约 1.5s,该函数没有形参,也没有返回值。在主程序中,你可以调用它来让你的机器人向前运动约 1.5s。但是这个函数并没有太大的使用价值,如果你想让你的机器人向前运动 2s,该怎么办呢? 是重新写一个函数来实现这个运动吗? 当然不是! 通过修改上面的函数,给它增加两个形式参数。一个是脉冲数量,另一个是速度参数。这样主程序调用时就可以按照你的要求灵活设置这些参数,从而使函数真正成为一个有用的模块。重新定义向前运动函数如下:

```
void Forward(int PulseCount,int Velocity)
/*  Velocity should be between 0 and 200 * /
{
    int i;
    for(i =1;i < =PulseCount;i + +)
    {
        P1_1 =1;
        delay_nus(1500 +Velocity);
        P1_1 =0;
        P1_0 =1;
        delay_nus(1500 -Velocity);
        P1_0 =0;
        delay_nms(20);
    }
}
```

函数定义下方,增加了一行注释,提醒你在调用该函数时,速度参量的值必须在 0 ~200 之间。

4.3.5 注释符

除“//”外,C 语言还提供了另一种语句注释符——“/ * ”和“ * /”。

“/ * ”和“ * /”必须成对使用。在它们之间的内容将被注释掉。它的作用范围比“//”大。“//”仅仅对它所在的一行起注释作用;但“/ * … * /”可以对多行注释。

注释是你在学习程序设计时要养成的良好习惯。

下面是一个完整的使用向前、左转、右转和向后四个函数的例程。

4.3.6 例程:MovementsWithFunctions. c

输入、保存、编译、下载并运行程序 MovementsWithFunctions. c。

```
#include <BoeBot.h>
```

```
#include <uart.h>
void Forward(int PulseCount,int Velocity)
/*  Velocity should be between 0 and 200 * /
{
    int i;
    for(i =1;i < = PulseCount;i + +)
    {
        P1_1 =1;
        delay_nus(1500 + Velocity);
        P1_1 =0;
        P1_0 =1;
        delay_nus(1500 - Velocity);
        P1_0 =0;
        delay_nms(20);
    }
}
void Left(int PulseCount,int Velocity)
/*  Velocity should be between 0 and 200 * /
{
    int i;
    for(i =1;i < = PulseCount;i + +)
    {
        P1_1 =1;
        delay_nus(1500 -Velocity);
        P1_1 =0;
        P1_0 =1;
        delay_nus(1500 -Velocity);
        P1_0 =0;
        delay_nms(20);
    }
}
void Right(int PulseCount,int Velocity)
/*  Velocity should be between 0 and 200 * /
{
    int i;
    for(i =1;i < = PulseCount;i + +)
    {
        P1_1 =1;
        delay_nus(1500 +Velocity);
        P1_1 =0;
```

```
        P1_0 =1;
        delay_nus(1500 +Velocity);
        P1_0 =0;
        delay_nms(20);
    }
}
void Backward(int PulseCount,int Velocity)
/* Velocity should be between 0 and 200 * /
{
    int i;
    for(i =1;i < = PulseCount;i + +)
    {
        P1_1 =1;
        delay_nus(1500 -Velocity);
        P1_1 =0;
        P1_0 =1;
        delay_nus(1500 + Velocity);
        P1_0 =0;
        delay_nms(20);
    }
}
int main(void)
{
    uart_Init();
    printf("Program Running! \n");

    Forward(65,200);
    Left(26,200);
    Right(26,200);
    Backward(65,200);
    while(1);
}
```

这个程序的运行结果与程序 ForwardLeftRightBackward. c 产生的效果是相同的。很明显,还有许多方法可以构造一个程序,得到同样的结果。实际上,你有没有发现四个函数的具体实现是不是有些啰嗦。四个函数的具体实现部分几乎完全一样,有没有可能将这些函数进行归纳,用一个函数来实现所有这些功能呢?当然有,前面的四个函数都用了两个形式参数。一个是控制时间的脉冲个数,另一个是控制运动速度的参数。而四个函数实际上代表了四个不同的运动方向。如果能够通过参数控制运动方向,显然这四个函数就完全可以简化成为一个更为通用的函数,它不仅可以涵盖以上四个基本运动,同时还可以使机器人朝你希望的方向运动。

由于机器人由两个轮子驱动,实际上两个轮子的不同速度组合控制着机器人的运动速度和方向。因此可以直接用两个车轮的速度作为形式参数,就可以将所有的机器人运动用一个函数来实现。

4.3.7 例程:MovementsWithOneFuntion. c

这个例子使你的机器人做与上例同样动作,但是它只用了一个子函数来实现。

```
#include <BoeBot.h>
#include <uart.h>
void Move(int counter,int PC1_pulseWide,int PC0_pulseWide)
{
    int i;
    for(i=1;i<=counter;i++)
    {
        P1_1=1;
        delay_nus(PC1_pulseWide);
        P1_1=0;
        P1_0=1;
        delay_nus(PC0_pulseWide);
        P1_0=0;
        delay_nms(20);
    }
}
int main(void)
{
    uart_Init();
    printf("Program Running! \n");
    Move(65,1700,1300);
    Move(26,1300,1300);
    Move(26,1700,1700);
    Move(65,1300,1700);
    while(1);
}
```

(1)输入、保存并运行程序 MovementsWithOneFuntion. c。

(2)你的机器人是否执行了你熟悉的前、左、右、后运动呢?

(3)修改 MovementsWithOneFuntion. c 使机器人走一个正方形。第一边和第二边向前走,另外两个边向后走。

4.4 任务四 高级主题——用数组建立复杂运动

到目前为止你已经试过三种不同的编程方法来使机器人向前走、左转、右转和向后走。每种方法都有它的优点,但是如果你要让机器人执行一个更长,更复杂的动作时用这些方法都很麻烦。下面要介绍的两个例子将用子函数来实现每个简单的动作,将复杂的运动存储在数组中,然后在程序执行过程中读出并解码。该方法避免了重复调用一长串子函数。这里,你要用到 C 语言的一种新的数据类型——数组。

前面,你只用到了 C 语言的基本数据类型之一的整型数据,以 int 作为类型说明符。另外一种基本数据类型是字符型,以 char 作为类型说明符。

4.4.1 字符型数据

4.4.1.1 字符常量

字符常量是指用一对单引号括起来的一个字符。如′a′、′9′、′!′。字符常量中的单引号只起到定界作用并不表示字符本身。单引号中的字符不能是单引号(‘)和反斜杠(\),它们特有的表示法在转义字符中介绍。

在 C 语言中,字符是按其所对应的 ASCII 码值来存储的,一个字符对应一个 ASCII 码值。如表 4-1 所示。

字符与其所对应的 ASCII 码值 表 4-1

字符	ASCII 码值	字符	ASCII 码值	字符	ASCII 码值	字符	ASCII 码值
!	33	1	49	A	65	a	97
0	48	9	57	B	66	b	98

由于 C 语言中字符常量是按整数存储的,所以字符常量可以像整数一样在程序中参与相关的运算,如:

```
'a' - 32;        //执行结果 97 - 32 = 65
'A' + 32;        //执行结果 65 + 32 = 97
'9' - 9;         //执行结果 57 - 9 = 48
```

4.4.1.2 转义字符

转义字符是一种特殊的字符常量,以反斜杠"\"开头,后跟一个或几个字符。转义字符具有特定的含义,不同于字符原有的意义,故称"转义"字符。例如,前面各例题 printf 函数中用到的"\n"就是一个转义字符,其意义是"回车换行"。

通常使用转义字符表示用一般字符不便于表示的控制代码,如用于表示字符常量的单引号(‘)、用于表示字符串常量的双引号(“)和反斜杠(\)等。

表 4-2 给出了 C 语言中常用的转义字符。

C 语言中常用的转义字符 表 4-2

转义字符	含　义	ASCII 值(十进制)	转义字符	含　义	ASCII 值(十进制)
\b	退格(BS)	008	\″	双引号字符	034
\n	换行(LF)	010	\0	空字符(NULL)	
\t	水平制表(HF)		\ddd	任意字符三位八进制	
\\	反斜杠	092	\xhh	任意字符二位十六进制	
\′	单引号字符	039			

广义地讲,C 语言字符集中的任何一个字符均可用转义字符来表示。表中的\ddd 和\xhh 正是为此而提出的。ddd 和 xhh 分别为八进制和十六进制的 ASCII 代码。如\101 表示字母"A",\102 表示字母"B",\134 表示反斜线,\XOA 表示换行等。

4.4.1.3 字符变量

字符变量用来存放字符常量,注意只能存放一个字符。

字符变量的定义形式如下:

char c1,c2;

它表示 c1 和 c2 为字符变量,各放入一个字符。因此可以用下面语句对 c1、c2 赋值:

c1 = 'a';c2 = 'A';

4.4.2 数组

在程序设计中,为了处理方便,可以把具有相同类型的若干变量按有序的形式组织起来。这些按序排列的同类数据元素的集合称为数组。一个数组可以分解为多个数组元素,根据数组元素数据类型的不同,数组可以分为多种不同类型。数组又分为一维数组、二维数组甚至三维数组。本节只会用到一维数组。一维数组的定义方式为:

类型说明符 数组名[常量表达式];

类型说明符是任一种基本数据类型。

数组名是用户定义的数组标识符。

方括号中的常量表达式表示数据元素的个数,也称为数组的长度。

数组定义之后,还应该给数组的各个元素赋值。给数组赋值的方法除了用赋值语句对数组元素逐个赋值外,还可采用初始化赋值。初始化赋值的一般形式为:

类型说明符 数组名[常量表达式]={值,值……值};

在{ }中的各数据值即为各元素的初值,各值之间用逗号间隔。

例如:下面的语句定义了一个字符型数组,该数组有 10 个元素,并对这 10 个元素进行了初始化。

char Navigation[10] = {'F','L','F','F','R','B','L','B','B','Q'};

如何才能把放入数组中的元素引用出来呢?

一维数组的引用

数组元素是组成数组的基本单元。数组元素也是一种变量,其标识方法为数组名后跟一个下标,下标表示了元素在数组中的顺序号(从 0 开始计数)。数组元素的一般形式为:

数组名[下标]

其中下标只能为整型常量或整型表达式。若为小数时,系统将自动取整。

例如:

Navigation[0](第一个字符:'F')

Navigation[5](第六个字符:'B')

字符串和字符串结束标志

字符串常量是指用一对双引号括起来的一串字符。如"Chian"、"DEPUSH"、"A"、"333212-6589"等。双引号只起定界作用,双引号括起的字符串中不能是双引号(")和反斜杠(\),它们特有的表示法在转义字符中均已介绍。

在 C 语言中没有专门的字符串变量,通常用一个字符数组来存放一个字符串。字符串常量在存储时,系统自动在字符串的末尾加一个"串结束标志",即 ASCII 码值为 0 的字符 NULL,常用"\0"表示。因此在程序中,长度为 n 字符的字符串常量在内存中占有 n+1 个字节的存储空间。

C 语言允许用字符串的方式对数组作初始化赋值，如 Navigation[10]的初始化赋值可写为：

char Navigation[10] = {"FLFFRBLBBQ"};

或者去掉“{}”，写为：

char Navigation[10] = "FLFFRBLBBQ";

要特别注意字符与字符串的区别，除了表示形式不同外，其存储性质也不相同，字符‘A’只占 1 个字节，而字符串“A”占 2 个字节。

下面的例程采用字符数组定义一系列复杂的运动。

4.4.3 例程：NavigationWithSwitch. c

输入、保存、编译、下载并运行程序 NavigationWithSwitch. c。

```
#include <BoeBot.h>
#include <uart.h>
void Forward(void)
{
    int i;
    for(int i=1;i<=65;i++)
    {
        P1_1=1;
        delay_nus(1700);
        P1_1=0;
        P1_0=1;
        delay_nus(1300);
        P1_0=0;
        delay_nms(20);
    }
}
void Left_Turn(void)
{
    int i;
    for(int i=1;i<=26;i++)
    {
        P1_1=1;
        delay_nus(1300);
        P1_1=0;
        P1_0=1;
        delay_nus(1300);
        P1_0=0;
        delay_nms(20);
    }
}
```

```
void Right_Turn(void)
{
    int i;
    for(int i=1;i<=26;i++)
    {
        P1_1=1;
        delay_nus(1700);
        P1_1=0;
        P1_0=1;
        delay_nus(1700);
        P1_0=0;
        delay_nms(20);
    }
}
void Backward(void)
{
    int i;
    for(int i=1;i<=65;i++)
    {
        P1_1=1;
        delay_nus(1300);
        P1_1=0;
        P1_0=1;
        delay_nus(1700);
        P1_0=0;
        delay_nms(20);
    }
}
int main(void)
{
    char Navigation[10]={'F','L','F','F','R','B','L','B','B','Q'};
    int address=0;

    uart_Init();
    printf("Program Running! \n");

    while(Navigation[address]!='Q')
    {
        switch(Navigation[address])
        {
```

```
            case 'F':Forward();break;
            case 'L':Left_Turn();break;
            case 'R':Right_Turn();break;
            case 'B':Backward();break;
        }
        address + +;
    }
    while(1);
}
```

你的机器人是否走了一个矩形？如果它走得更像一个梯形，你可能需要调节转动程序中 for 循环的循环次数，使其旋转精确到 90°。

4.4.4 NavigationWithSwitch. c 是如何工作？

在程序主函数中定义了一个字符数组如下所示：

char Navigation[10] = {'F','L','F','F','R','B','L','B','B','Q'};

这个数组中存储的是一些命令：F 表示向前运动，L 表示向左转，R 表示向右转，B 表示向后退，Q 表示程序结束。之后，定义了一个 int 型变量 address，用来作为访问数组的索引。

接着是一个 while 循环，这个循环的条件表达式与前面的不同：只有当前访问的数组值不为 Q 时，才执行循环体内的语句。在循环内，每次执行 switch 语句后，都要更新 address，以使下次循环时执行新的运动。

4.4.5 switch 语句

switch 语句是一种多分支选择语句，其一般形式如下：

switch(表达式){

case 常量表达式 1：语句 1；break；
case 常量表达式 2：语句 2；break；
…
case 常量表达式 n：语句 n；break；
default：　　　　语句 n+1；break；
}

其语义是：计算表达式的值，逐个与其后的常量表达式值相比较，当表达式的值与某个常量表达式的值相等时，即执行其后的语句。如表达式的值与所有 case 后的常量表达式均不相同时，则执行 default 后的语句。

在本例程中，当 Navigation[address] 为'F'时，执行向前运动的函数 Forward()；当 Navigation[address] 为'L'时，执行向左转的函数 Left_Turn()；当 Navigation[address] 为'R'时，执行向右转的函数 Right_Turn()；当 Navigation[address] 为'B'时，执行向后运动的函数 Backward()。

(1)你可以更改现有的数组和增加数组的长度来获取新的运动路线。

(2)试着更改、增加或删除数组中的字符，重新运行程序。记住：数组中的最后字符应该是“Q”。

(3)更改数组使机器人进行熟悉的向前、左、右和后一系列的运动。

4.4.6 例程:NavigationWithValues.c

在本例程中,将不使用子函数,而是使用三个整型数组来存储控制机器人运动的三个变量,即循环的次数和控制左右电动机运动的两个参数。具体定义如下:

int Pulses_Count[5] = {65,26,26,65,0};

int Pulses_Left[4] = {1700,1300,1700,1300};

int Pulses_Right[4] = {1300,1300,1700,1700};

int 型变量 address 作为访问数组的索引值,每次用 address 提取一组数据:Pulses_Count[address],Pulses_Left[address],Pulses_Right[address],这些变量值被放在下面的代码块中,作为机器人运动一次的参数。

```
for(int counter =1;counter < =Pulses_Count[address];counter + +)
{
    P1_1 =1;
    delay_nus(Pulses_Left[address]);
    P1_1 =0;
    P1_0 =1;
    delay_nus(Pulses_Right[address]);
    P1_0 =0;
    delay_nms(20);
}
```

address 加 1,再提取一组数据,作为机器人下次运动的参数。以此继续直至 Pulses_Count[address] =0 时,机器人停止运动。具体程序如下:

```
#include <BoeBot.h>
#include <uart.h>
int main(void)
{
    int Pulses_Count[5] ={65,26,26,65,0};
    int Pulses_Left[4] ={1700,1300,1700,1300};
    int Pulses_Right[4] ={1300,1300,1700,1700};
    int address =0;
    int counter;

    uart_Init();
    printf("Program Running! \n");

    while(Pulses_Count[address]! =0)
    {
        for(counter =1;counter < =Pulses_Count[address];counter + +)
        {
            P1_1 =1;
```

```
            delay_nus(Pulses_Left[address]);
            P1_1 =0;
            P1_0 =1;
            delay_nus(Pulses_Right[address]);
            P1_0 =0;
            delay_nms(20);
        }
        address + +;
    }
    while(1);
}
```

输入、保存并运行程序 NavigationWithValues. c。

你的机器人是否已经做了我们所熟悉的向前、向左、向右、向后的运动呢？现在是不是有点厌烦了呢？你还想让你的机器人做其他的动作或者创建你自己的程序吗？

4.4.7 该你了——设计你自己的程序

(1)以一个新的文件名保存程序 NavigationWithValues. c。

(2)用下面的代码代替三个数组。

```
int Pulses_Count[10] = { 60,80,100,110,110,110,100,80,60,0};
int Pulses_Left[10] = { 1700,1600,1570,1520,1500,1480,1430,1400,1300,1500};
int Pulses_Right[10] = { 1300,1400,1430,1480,1500,1520,1570,1600,1700,1500};
```

(3)运行更改后的程序,观察机器人会做些什么。

(4)输入、保存并运行程序,你的机器人是不是按你的想法运动呢?

本章小结

(1)归纳机器人的基本巡航动作并给 C51 单片机编程实现这些基本动作。

(2)用牛顿力学和运动学知识分析机器人的运动行为。

(3)采用匀变速运动改善机器人的基本运动行为。

(4)用 C 语言的函数实现机器人的基本动作。掌握函数的定义和调用方法。

(5)分析机器人基本动作函数的实现特点,用一个函数定义机器人的所有行为。

(6)使用不同的数组来建立复杂的机器人运动。

(7)分支语句的使用。

习　　题

1. 比较各种实现机器人基本动作程序的优缺点,以及后续程序的可扩展性。

2. 比较 C 语言数组与 BASIC 程序中 DATA 语句,看看它们是否有共同点,哪个更容易使用和理解。

3. 比较 C 语言的 switch 语句和 PBASIC 的 SELECT 语句。

第5章　单片机输入接口与机器人触觉导航

通过前面两章的学习，你已经掌握了如何用单片机的输入/输出接口来控制机器人的各种运动。当时，连接机器人伺服电动机的单片机端口是作为输出使用，而且使用起来非常简单。

本章你将通过给你的机器人增加触觉传感器，学习如何使用这些端口来获取外界信息。实际上，对于任何一个自动化系统（不仅仅是机器人），无非都是通过传感器获取外界信息，通过接口进入计算机（或者单片机），由计算机或单片机根据反馈信息进行计算和决策，生成控制命令，然后通过输出接口去控制系统相应的执行机构，完成系统所要完成的任务。因此，学习如何使用单片机的输入接口同学习使用输出接口同等重要。

许多自动化机械都依赖于各种触觉型开关，例如当机器人碰到障碍物时，接触开关就会察觉，通过编程让机器人躲开障碍物；旅客登机桥在靠近飞机时为了保护昂贵的飞机，在登机桥接口安装触须，当登机桥离飞机很近后触须就会碰到飞机，立即通知控制器提醒离飞机已经很近了，需要降低靠近速度；工厂利用触觉开关来计量生产线上的工件数量；在工业加工过程中，触觉型开关也被用来排列物体。在所有这些实例中，触觉开关提供的输入通过计算机或者单片机处理后生成其他形式的程序化的输出。

本章中，你将在机器人前端安装并测试一个称为胡须的触觉开关。你将对机器人大脑编程来监视触觉开关的状态，以及决定当它遇到障碍物时如何动作。最终的结果就是通过触觉给机器人自动导航。

5.1　触觉导航与单片机输入接口

从第2章开始，你就已经知道了51系列单片机有4个8位的并行I/O口：P0、P1、P2和P3。这4个接口，既可以作为输入，也可以作为输出，既可按8位处理，也可按位方式使用。

实际上，当单片机启动或复位时，所有的I/O插脚缺省为输入。也就是说，如果将机器人胡须连接到单片机某个I/O管脚时，该管脚会自动作为输入。作为输入，如果I/O脚上的电压为5V，则其相对应的I/O口寄存器中的相应位存储为1；如果电压为0V，则存储为0。

布置恰当的电路，可以让胡须达到的效果是：当胡须没有被碰到时，使I/O脚上的电压为5V；当胡须被碰到时，则使I/O脚上电压为0。然后，单片机就可以读入相应数据，进行分析、处理，控制机器人的运动。

5.2　任务一　安装并测试机器人胡须

编程让机器人通过触觉胡须导航之前，首先必须安装并测试胡须。图5-1所示是安装机器人触觉胡须所需的硬件，包括以下元件：

（1）金属丝2根。

（2）M3×22平头螺栓2个。

（3）13mm圆形立柱2个。

(4)M3 尼龙垫圈 2 个。

(5)3 - pin 公—公接头 2 个。

(6)220Ω 电阻 2 个。

(7)10kΩ 电阻 2 个。

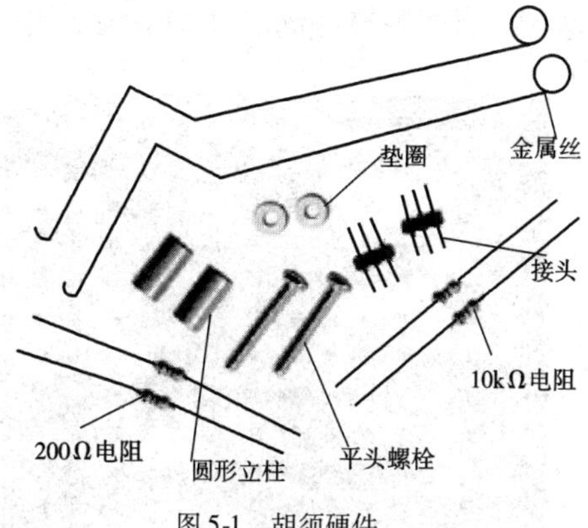

图 5-1 胡须硬件

5.2.1 安装胡须

(1)拆掉连接主板到前支架的两颗螺钉。

(2)参考图 5-2,进行下列操作。

(3)螺钉依次穿过 M3 尼龙垫圈、13mm 圆形立柱。

(4)螺钉穿过主板上的圆孔之后,拧进主板下面的支架中,但不要拧紧。

(5)把须状金属丝的其中一个钩压在尼龙垫圈之上,另一个钩压在尼龙垫圈之下,调整它们的位置,使它们横向交叉但又不接触。

(6)拧紧螺钉到支架上。

(7)参考接线图 5-3,搭建胡须电路。注意:右边胡须状态信息输入是通过 P1 口的第 4 脚完成,而左边胡须状态信息输入是通过 P2 口的第 3 脚完成。

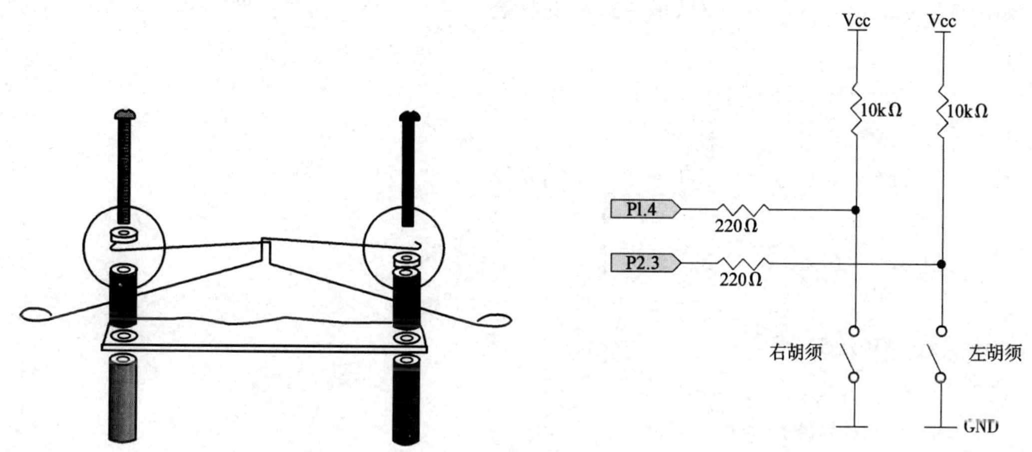

图 5-2 安装机器人胡须

图 5-3 胡须电路示意图

(8)确定两条胡须比较靠近,但又不接触面包板上的 3 - pin 头。推荐保持 3mm 的距离。

(9)图 5-4 所示是实际的参考接线图。

(10)安装好触须的机器人如图 5-5 所示。

5.2.2 测试胡须

观察一下图 5-3 所示的胡须电路示意图,显然每条胡须都是一个机械式的、接地常开的开关。胡须接地(GND)是因为教学板外围的镀金孔都连接到 GND。金属支架和螺丝钉导电给胡须。

通过编程让单片机探测到胡须被触动的状态。由图 5-3 可知,连接到每个胡须电路的 I/O 引脚监视着 10kΩ 上拉电阻上的电压变化。当胡须没有被触动,连接胡须的 I/O 管脚的电压是 5V；当胡须被触动时，I/O 短接到地，所以 I/O 管脚的电压是 0V。

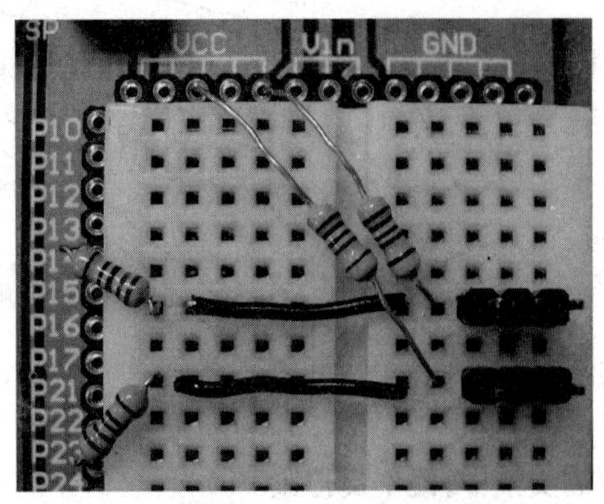

图 5-4 教学底板上胡须接线图

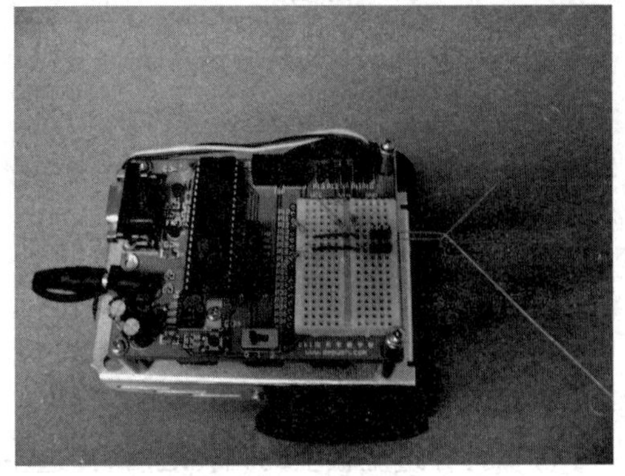

图 5-5 安装好触须的机器人

5.2.3 例程：TestWhiskers.c

```
#include <BoeBot.h>
#include <uart.h>
int P1_4state(void)//获取 P1_4 的状态
{
    return (P1&0x10)? 1:0;
}
int P2_3state(void)//获取 P2_3 的状态
{
    return (P2&0x08)? 1:0;
}
int main(void)
{
    uart_Init();
    printf("WHISKER STARTES\n");
    while(1)
    {
        printf("右边胡须的状态:%d ",P1_4state());
        printf("左边胡须的状态:%d\n",P2_3state());
        delay_nms(150);
    }
}
```

上面的例程可用来测试胡须的功能是否正常。

首先，定义了两个无参数有返回值子函数 int P1_4state(void)和 int P2_3state(void)来获取左右两个胡须的状态。要理解这两个函数，你必须学习新的 C 语言知识。

在前几章的学习中，你已经知道 C 语言有三大运算符：算术、关系与逻辑、位操作。并且学习了算术运算符中的加、减、乘、除及自增自减等。这里，你将学习运算符中的位操作符。

5.2.4 位操作符

位操作符是对字节或字中的位(bit)进行测试、置位或移位处理。这里的字节或字是针对C标准的char和int数据类型而言的。位操作符不能用于实型、空类型或其他复杂类型。表5-1给出了位操作的位操作符。

位操作的位操作符

表5-1

位操作符	含 义	位操作符	含 义	位操作符	含 义
&	与	^	异或	>>	右移
|	或	~	补	<<	左移

这里主要介绍与运算符"&"。与运算符"&"的功能是参与运算的两数各对应的二进位相与。只有对应的两个二进位均为1时,结果位才为1,否则为0。如9和5的与运算:

```
 0000   1001   (9的二进制)
&0000   0101   (5的二进制)
=0000   0001   (与的结果)
```

单片机AT89S52的四个端口P0、P1、P2和P3是可以按位来操作的。从低到高依次为第0口,第1口,……第7口,书写分别为PX.0,PX.1,……PX.7(X取0到3)。

下面来看看P1&0x10与P2&0x08分别有什么含义。

P1	P1.7	P1.6	P1.5	P1.4	P1.3	P1.2	P1.1	P1.0
0x20	0	0	0	1	0	0	0	0

P2	P2.7	P2.6	P2.5	P2.4	P2.3	P2.2	P2.1	P2.0
0x08	0	0	0	0	1	0	0	0

这样一来,P1&0x10和P2&0x08分别提取了P1.4和P2.3的值,屏蔽掉了其他位。

注意:上面提到的P0、P1、P2和P3四个端口,并不是物理上的接口,而是这四个端口对应的特殊功能寄存器P0、P1、P2和P3。在应用时直接使用这些符号来代表特殊功能寄存器。所谓特殊功能寄存器(SFR)也称专用寄存器,专门用来控制和管理单片机内的算术逻辑部件,并行I/O接口等单片机的功能部件。你在使用时可以给其设定值,比如前面利用P1口控制伺服电动机,也可以直接利用这些寄存器进行运算。

5.2.5 if语句

第三章学习的switch语句是选择控制语句中的一种,还有一种语句是if语句,它根据给定的条件进行判断,以决定执行某个分支程序段。if语句的一种形式为:

```
if(表达式)
    语句1;
else
    语句2;
```

其语义是:如果表达式的值为真,则执行语句1,否则执行语句2。

5.2.6 ？操作符

C 语言提供了一个可以代替某些“if－else”语句的简便易用的操作符“?”。该操作符是三元的，其一般形式为：

表达式 1 ？ 表达式 2：表达式 3

它的执行过程如下：先求解表达式 1，如果为真（非 0），则求解表达式 2，并把表达式 2 的结果作为整个条件表达式的值；如果表达式 1 的值为假(0)，则求解表达式 3，并把表达式 3 的值作为整个条件表达式的值。

(P1&0x10)？1:0的意思就是先将 P1 寄存器的内容同 0x10 按位进行“与”运算，如果结果非 0，则整个表达式的取值就为 1；如果结果为 0，则整个表达式的值为 0。实际上，整个语句为：

```
return (P1&0x10)? 1:0;
```

就相当于如下条件判断语句：

```
if (P1&0x10)
    return 1;
else
    return 0;
```

在搞清楚整个程序的执行原理后，按照下面的步骤实际执行程序，对触觉胡须进行测试。

(1)接通教学板和伺服电动机的电源。

(2)输入、保存并运行程序 TestWhiskers. c。

(3)这个例程要用到调试终端，所以当程序运行时要确保串口电缆已连接好。

(4)检查图 5-3，弄清楚哪条胡须是左胡须，哪条是右胡须。

(5)注意调试终端的显示值。此时显示为：“右边胡须的状态：1　左边胡须的状态：1”，如图 5-6 所示。

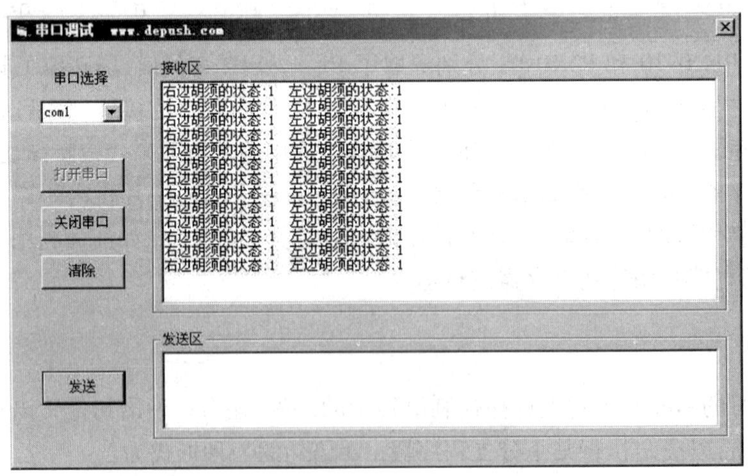

图 5-6　左右胡须均未碰到

(6)把右胡须安到 3－pin 转接头上，显示为：“右边胡须的状态：0　左边胡须的状态：1”，如图 5-7 所示。

(7)把左胡须安到 3－pin 转接头上，显示为：“右边胡须的状态：1　左边胡须的状态：0”，如图 5-8 所示。

（8）同时把两个胡须安到各自的 3 – pin 转接头上，显示为：“右边胡须的状态：0　左边胡须的状态：0”，如图 5-9 所示。

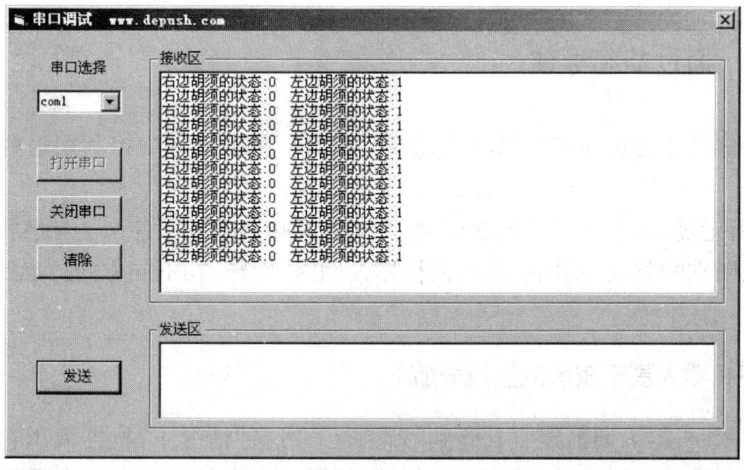

图 5-7　右胡须碰到

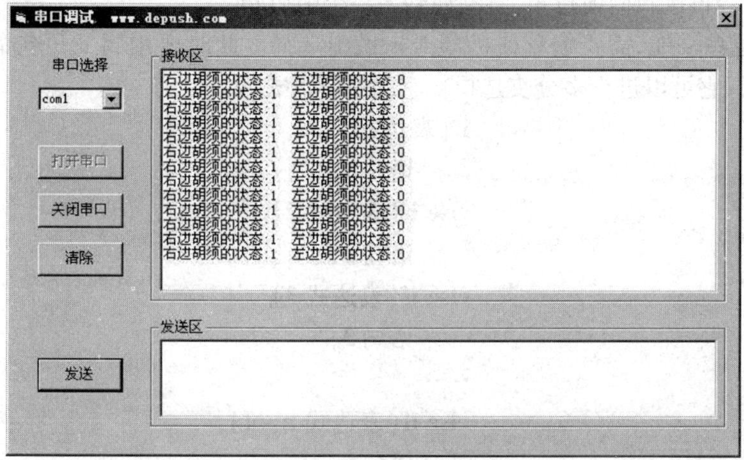

图 5-8　左胡须碰到

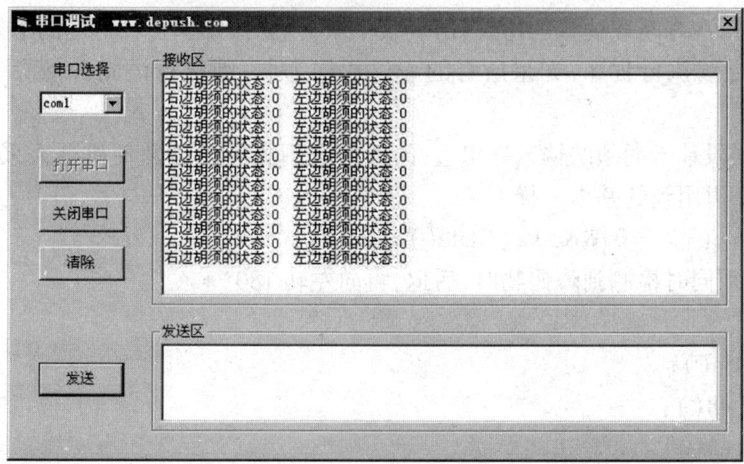

图 5-9　左右胡须均碰到

(9)如果两个胡须都通过测试,你可以继续下面的内容;否则检查程序或电路中存在的错误。

5.3 任务二 通过胡须导航

任务一中,你已经通过编程检测胡须是否被触动。在本任务中将利用这些信息对机器人进行运动导航。

在机器人行走过程中,如果有胡须被触动,那就意味着碰到了什么。导航程序需要接受这些输入信息,判断它的意义,调用一系列使机器人倒退、旋转,朝不同方向行走的动作子函数以避开障碍物。

5.3.1 编程使机器人基于胡须的触觉导航

下面的程序让机器人向前走直到碰到障碍物。在这种情况下,机器人用它的一根或者两根胡须探测障碍物。一旦胡须探测到障碍物,调用第 3 章中的导航程序和子程序使机器人倒退或者旋转,然后再重新向前行走,直到遇到另一个障碍物。

为了实现这些功能,需要编程使机器人来做出选择。此时要用到 if 语句的另一种形式,if - else - if形式,它可以进行多分支选择。它的一般形式为:

```
if(表达式 1)
      语句 1;
else if(表达式 2)
      语句 2;
else if(表达式 3)
      语句 3;
……
else if(表达式 n-1)
      语句 n-1;
else
      语句 n;
```

其语义为:依次判断表达式的值,当出现某个值为真时,则执行其对应的语句,然后跳到整个 if 语句之外继续执行程序;如果所有的表达式均为假,则执行语句 n,然后继续执行后续程序。

下面的代码段基于胡须的输入做出选择,然后调用相关子函数使机器人采取行动。子函数同你在第 3 章里用到的基本一样。

```
if((P1_4state() = =0)&&(P2_3state() = =0))
/ * 两个胡须同时检测到障碍物时,后退,再向左转 180° * /
{
      Back_Up();
      Turn_Left();
      Turn_Left();
}
```

```
else if( P1_4state( ) = =0)//右边胡须检测到障碍物时,后退,再向左转 90°
{
    Back_Up( );
    Left_Turn( );
}
else if( P2_3state( ) = =0)//左边胡须检测到障碍物时,后退,再向右转 90°
{
    Back_Up( );
    Right_Turn ( );
}
else //没有胡须检测到障碍物时,向前走
    Forward( );
```

5.3.2 关系与逻辑运算符

“关系”二字指的是一个值与另一个值之间的关系。“逻辑”二字指的是连接关系的方式。因为关系和逻辑运算符常在一起使用,所以将它们放在一起讨论。

关系与逻辑运算符概念中的关键是 True(真)和 Flase(假)。

C 语言中,非 0 为 True;0 为 Flase。使用关系与逻辑运算符的表达式,对 Flase 和 True 分别返回值 0 和 1。表 5-2 给出了常用的关系与逻辑运算符。

关系与逻辑运算符 表 5-2

运算符与逻辑运算符	含 义	运算符与逻辑运算符	含 义	运算符与逻辑运算符	含 义
>	大于	< =	小于等于	&&	与
> =	大于等于	= =	等于	||	或
<	小于	! =	不等于	!	非

关系运算实际上是比较运算:将两个值进行比较,判断其比较的结果是否符合给定的条件。例如,a >4 是一个关系表达式,大于号(>)是一个关系运算符。如果 a 的值为 6,则满足给定的 a >4 的条件,因此关系表达式的值为“真”;如果 a 的值为 2,则不满足“a >4”的条件,则称关系表达式的值为“假”。

“P1_4state( ) = =0;”首先调用右触须状态检测函数 P1_4state( ),将其返回值与 0 进行比较:如果返回值为 0,则关系表达式为“真”,否则为“假”。

同样“P2_3state( ) = =0;”首先调用左触须状态检测函数 P2_3state( ),将其返回值与 0 进行比较:如果返回值为 0,则关系表达式为“真”,否则为“假”。

赋值运算符“ = ”与关系运算符“ = = ”

注意赋值运算符“ = ”与关系运算符“ = = ”的区别:赋值运算符“ = ”用来给变量赋值;关系运算符“ = = ”判断两个值是否是相等的关系。

“&&”逻辑“与”运算符,相当于 BASIC 语言中的 AND 运算符。回顾一下逻辑与的运算规则:

A&&B　　　若 A、B 为真,则 A&&B 为真。

注意区分位操作符“&”和逻辑运算符“&&”。

在 if((P1_4state( ) = =0)&&(P2_3state( ) = =0))中将两个比较关系表达式用括号括起

来，表示先进行比较运算，将两个运算结果再进行逻辑与运算。因此，该语句的工作原理是：只有当两根胡须都被触动时，该 if 语句的条件才为“真”，然后才执行紧接它后面的大括号中的语句，否则跳到后面的 else if 语句。

两个 else if 语句中都只有一个关系表达式。当比较关系为真，直接执行紧接其后的大括号中的内容；如果两个 else if 语句都为“假”，则跳到后面的 else 语句，直接执行其后的语句（或者大括号中的内容，因为这里只有一条语句，所以省略了大括号）。

5.3.3 例程：RoamingWithWhiskers. c

这个程序利用 if 语句测试胡须的输入，并调用不同导航子程序。

（1）打开主板和伺服电动机的电源。

（2）输入、保存并运行程序 RoamingWithWhiskers. c。

（3）尝试让机器人行走，当在其路线上遇到障碍物时，它将后退、旋转并向另一个方向行走。

```
#include <BoeBot.h>
#include <uart.h>
int P1_4state(void)
{
    return (P1&0x10)? 1:0;
}
int P2_3state(void)
{
    return (P2&0x08)? 1:0;
}
void Forward(void)
{
    P1_1 =1;
    delay_nus(1700);
    P1_1 =0;
    P1_0 =1;
    delay_nus(1300);
    P1_0 =0;
    delay_nms(20);
}
void Left_Turn(void)
{
    int i;
    for(i =1;i <=26;i ++)
    {
        P1_1 =1;
        delay_nus(1300);
```

```
        P1_1 =0;
        P1_0 =1;
        delay_nus(1300);
        P1_0 =0;
        delay_nms(20);
    }
}
void Right_Turn(void)
{
    int i;
    for(i =1;i < =26;i + +)
    {
        P1_1 =1;
        delay_nus(1700);
        P1_1 =0;
        P1_0 =1;
        delay_nus(1700);
        P1_0 =0;
        delay_nms(20);
    }
}
void Backward(void)
{
    int i;
    for(i =1;i < =65;i + +)
    {
        P1_1 =1;
        delay_nus(1300);
        P1_1 =0;
        P1_0 =1;
        delay_nus(1700);
        P1_0 =0;
        delay_nms(20);
    }
}
int main(void)
{
    uart_Init();
    printf("Program Running! \n");
```

```
    while(1)
    {
        if((P1_4state() = =0)&&(P2_3state() = =0))   //两胡须同时碰到
        {
            Backward();                              //向后
            Left_Turn();                             //向左
            Left_Turn();                             //向左
        }
        else if(P1_4state() = =0)                    //右胡须碰到
        {
            Backward();                              //向后
            Left_Turn();                             //向左
        }
        else if(P2_3state() = =0)左胡须碰到
        {
            Backward();                              //向后
            Right_Turn();                            //向右
        }
        else                                         //胡须没有碰到
            Forward();                               //向前
    }
}
```

5.3.4 带着胡须的机器人怎样行走?

主程序中的语句首先检查胡须的状态。如果两个胡须都触动了,即 P1_4state()和 P2_3state()都为0,调用 Backward(),紧接着调用 Left_Turn ()两次;如果只是右胡须被触动,即只有 P1_4state() = =0,程序调用 Backward(),然后再调用 Left_Turn ();如果左胡须被触动,即只有 P2_3state() = =0,程序调用 Backward(),然后再调用 Right _Turn();如果两个胡须都没有触动,在这种情况下,在 else 中调用 Forward()语句。

函数 Left_Turn(),Right_Turn()以及 Backward()看起来应该相当熟悉,但是函数 Forward()有一个变动。它只发送一个脉冲,然后返回。这一点相当重要,因为机器人可以在向前行走中的每两个脉冲之间检查胡须的状态。意味着,机器人在向前行走的过程中,每秒检查触须状态大概 43 次(1000ms/23ms≈43)。

因为每个全速前进的脉冲都使得机器人前进大约半厘米。只发送一个脉冲,然后回去检查胡须的状态是一个好主意。每次程序从 Forward()返回后,程序再次从 while 循环的开始处执行,此时 if…else 语句会再次检查胡须的状态。

5.3.5 该你了

(1)调整 Left_Turn()和 Right_Turn()中 for 循环的循环次数,增加或减少电动机的转角。

(2)在空间比较狭小的地方,调整 Backward()中 for 循环的循环次数来减少后退的距离。

5.4 任务三 机器人进入死区后的人工智能决策

你或许已注意到机器人卡在墙角里的情况。当机器人进入墙角时,左胡须触墙,于是它右转,向前行走,右胡须触墙,于是左转前进,又碰到左墙,再次碰到右墙……。如果不是你把它从墙角拿出来,它就会一直困在墙角里出不来。

5.4.1 编程逃离墙角死区

你可以修改 RoamingWithWhiskers. c 让机器人碰到上述问题时逃离死区。技巧是记下胡须交替触动的总次数。技巧的关键是程序必须记住每个胡须的前一次触动状态,并和当前触动状态对比。如果状态相反,就在交替总数上加 1。如果这个交替总数超过了程序中预先给定的阀值,那么就该做一个"U"形转弯,并且把胡须交替计数器复位。

这个技巧的编程实现依赖于 if…else 嵌套语句。换句话说,程序检查一种条件,如果该条件成立(条件为真),则再检查包含于这个条件之内的另一个条件。下面是用伪代码说明嵌套语句的用法。

```
IF (condition1)
{
    commands for condition1
    IF(condition2)
    {
        commands for both condition2 and condition1
    }
    ELSE
    {
        commands for condition1 but not condition2
    }
}
ELSE
{
    commands for not condition1
}
```

伪代码通常用来描述不依赖于计算机语言的算法。实际上在前面几章的任务和小结中,已经多次提醒和暗示你,无论是哪种计算机语言,都必须能够描述人类知识的逻辑结构。而人类知识的逻辑结构是统一的,比如条件判断就是人类知识最核心的逻辑之一。因此,各种计算机语言都用语法和关键词来实现条件判别。因此,在写条件判断算法时,经常采用一种用于描述人类知识结构逻辑的伪代码来描述在计算机中如何实现这些逻辑算法,以使算法具有通用性。有了伪代码,用具体的语言来实现算法就很简单了。

下面是一个包含 if…else 嵌套语句的 C 语言例程,用于探测连续的、交替出现的胡须触动过程。

5.4.2 例程:EscapingCorners.c

这个程序使机器人在第四次或第五次交替探测到墙角后,完成一个“U”形的拐弯。

(1)输入、保存并运行程序 EscapingCorners.c。

(2)在机器人行走时,轮流触动它的胡须,测试该程序。

```
#include <BoeBot.h>
#include <uart.h>
int P1_4state(void)
{
    return (P1&0x10)? 1:0;
}
int P2_3state(void)
{
    return (P2&0x08)? 1:0;
}
void Forward(void)
{
    P1_1 =1;
    delay_nus(1700);
    P1_1 =0;
    P1_0 =1;
    delay_nus(1300);
    P1_0 =0;
    delay_nms(20);
}
void Left_Turn(void)
{
    int i;
    for(i =1;i <=26;i ++)
    {
        P1_1 =1;
        delay_nus(1300);
        P1_1 =0;
        P1_0 =1;
        delay_nus(1300);
        P1_0 =0;
        delay_nms(20);
    }
}
void Right_Turn(void)
```

```
{
    int i;
    for(i =1;i < =26;i + +)
    {
        P1_1 =1;
        delay_nus(1700);
        P1_1 =0;
        P1_0 =1;
        delay_nus(1700);
        P1_0 =0;
        delay_nms(20);
    }
}
void Backward(void)
{
    int i;
    for(i =1;i < =65;i + +)
    {
        P1_1 =1;
        delay_nus(1300);
        P1_1 =0;
        P1_0 =1;
        delay_nus(1700);
        P1_0 =0;
        delay_nms(20);
    }
}
int main(void)
{
    int counter =1;                                    //胡须碰撞总次数
    int old2 =1;                                       //右胡须旧状态
    int old3 =0;                                       //左胡须旧状态

    uart_Init();
    printf("Program Running!\n");

    while(1)
    {
        if(P1_4state()! =P2_3state())
        {
```

```
            if((old2!=P1_4state())&&(old3! =P2_3state()))
            {
                counter=counter+1;
                old2=P1_4state();
                old3=P2_3state();
                if(counter>4)
                {
                    counter=1;
                    Backward();                     //向后
                    Left_Turn();                    //向左
                    Left_Turn();                    //向左
                }
            }
            else
                counter=1;
        }
        if((P1_4state()==0)&&(P2_3state()==0))
        {
            Backward();                             //向后
            Left_Turn();                            //向左
            Left_Turn();                            //向左
        }
        else if(P1_4state()==0)
        {
            Backward();                             //向后
            Left_Turn();                            //向左
        }
        else if(P2_3state()==0)
        {
            Backward();                             //向后
            Right_Turn();                           //向右
        }
        else
            Forward();                              //向前
    }
}
```

5.4.3 EscapingCorners.c 是如何工作的?

由于该程序是经 RoamingWithWhiskers.c 修改而来,下面只讨论与探测和逃离墙角相关的新特征。

```
int counter = 1;
int old2 = 1;
int old3 = 0;
```

三个特别的变量用于探测墙角。int 型变量 counter 用来存储交替探测的次数。例程中，设定的交替探测的最大值为 4。int 型变量 old2、old3 存储胡须旧的状态值。

程序赋 counter 初值为 1，当机器人卡在墙角此值累计到 4 时，counter 复位为 1。old2 和 old3 必须赋值以至于看起来好像两根胡须中的一根在程序开始之前被触动了。这些工作之所以必须做，是因为探测墙角的程序总是对比交替触动的部分，或者 P1_4state( ) = =0，或者 P2_3state( ) = =0。与之对应，old2 和 old3 的值也相互不同。

现在看探测连续而交替触动墙角的部分。

首先要检查，是否有且只有一个胡须被触动。简单的方法就是询问"是否 P1_4state( )不等于 P2_3state( )"。其具体判断语句如下：

```
if(P1_4state()! =P2_3state())
```

假如真有胡须被触动，接下来要做的事情就是检查当前状态是否确实与上次不同。换句话说，是 old2 不等于 P1_4state( )和 old3 不等于 P2_3state( )吗？如果是，就在胡须触动计数器上加 1，同时记下当前的状态，设置 old2 等于当前的 P1_4state( )，old3 等于当前的 P2_3state( )。

```
if((old2! =P1_4state())&&(old3! =P2_3state()))
{
    counter = counter + 1;
    old2 = P1_4state();
    old3 = P2_3state();
}
```

如果发现胡须连续四次被触动，那么计数值置 1，并且进行"U"形拐弯。

```
if(counter >4)
{
    counter = 1;
    Backward();
    Left_Turn();
    Left_Turn();
}
```

紧接的 else 语句是机器人没有陷入墙角情况，故需要将计数器值置 1。之后的程序和 RoamingWithWhiskers. c 中的一样。

5.4.4 该你了

(1)尝试增加变量 counter 的数值为 5 和 6，注意结果。

(2)尝试减小变量 counter 的数值，观察机器人在正常行走过程中有否不同。

本 章 小 结

(1)接触型传感器作为输入信号，与 C51 单片机的编程。

(2)C51 单片机中并行 I/O 口的特殊功能寄存器的概念和使用。

(3)C 语言条件判断语句的使用。

(4)C 语言各种运算符的使用,包括位运算符、关系运算符、逻辑运算符及转型操作符等。

(5)机器人的触觉导航策略的实现。

(6)条件判断语句的嵌套与机器人的人工智能决策。

习　题

1. 请思考 C51 单片机的并行 I/O 口为何不可以直接进行输入和输出操作?

2. 除了本章用到的 & 外,还有哪几种位运算符? 请查找相关资料,将这些位运算符找出来,并进行小结。

3. 除了本章用到的 = = 外,C 语言还有哪些关系运算符? 请查找相关资料。

4. 除了 && 外,C 语言还有哪几种逻辑运算符?

5. C 语言的条件判断语句与 BASIC 的条件判断语句相比,哪种用起来比较简单?

第 6 章　C51 输入/输出接口与红外线导航

现在许多遥控装置和 PDA 都使用频率低于可见光的红外线进行通信,而机器人则可以使用红外线进行导航。本章使用一些价格非常便宜且应用广泛的部件,让机器人的 C51 微控制器可以收发红外光信号,从而实现机器人的红外线导航。

6.1　使用红外线发射和接收器件探测道路

第 5 章的触须接触导航是依靠接触变形来探测物体,而在许多情况下,你希望不必接触物体就能探测到物体。许多机器人使用雷达(RADAR)或者声呐(SONAR)来探测物体而不需同物体接触。本章的方法是使用红外光来照射机器人前进的路线,然后确定何时有光线从被探测的目标反射回来。通过检测反射回来的红外光就可以确定前方是否有物体。由于红外遥控技术的发展,现在红外线发射器和接收器已经很普及并且价格很低。这对于机器人爱好者而言是一个好消息。不过如何使用,可还需要你花一些工夫来学习。

红外前灯

将要在机器人上安装的红外光探测物体系统在许多方面就像汽车的前灯系统。当汽车前灯射出的光从障碍物体反射回来时,人的眼睛就发现了障碍物体,然后大脑处理这些信息,并据此控制身体动作——驾驶汽车。机器人使用红外线二极管 LED 作为前灯,如图 6-1 所示。

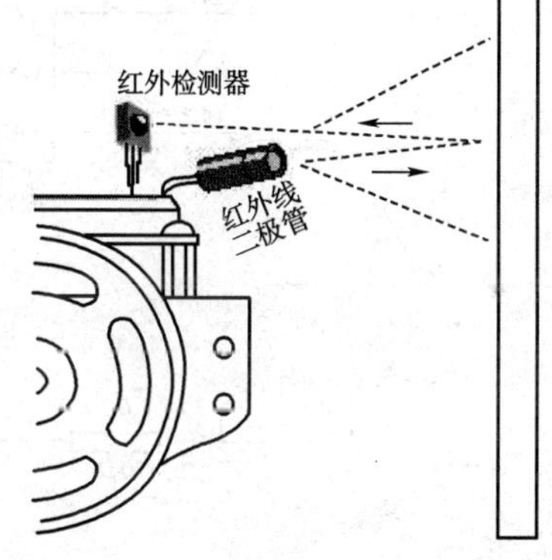

图 6-1　用红外光探测障碍物

红外线二极管发射红外光,如果机器人前面有障碍物,红外线从物体反射回来,相当于机器人眼睛的红外检测(接收)器,检测到反射回的红外光线,并发出信号来表明检测到从物体反射回红外线。机器人的大脑——单片机 AT89S52 基于这个传感器的输入控制伺服电机。

红外线(IR)接收/检测器有内置的光滤波器,除了需要检测的 980 nm 波长的红外线外,它几乎不允许其他光通过。红外检测器还有一个电子滤波器,它只允许大约 38.5 kHz 的电信号通过。换句话说,检测器只寻找每秒闪烁 38 500 次的红外光。这就防止了普通光源太阳光和室内光对 IR 的干涉。太阳光是直流干涉(0Hz)源,而室内光依赖于所在区域的主电源,闪烁频率接近 100Hz 或 120Hz。由于 120Hz 在电子滤波器的 38.5kHz 通带频率之外,它完全被 IR 探测器忽略。

6.2　任务一　搭建并测试 IR 发射和探测器

本任务中,你将搭建并测试红外线发射和检测器(图 6-2 所示)。

元件清单：

(1)两个红外检测器(IR DETECT)。

(2)两个红外线二极管(IR LED)。

(3)四个 470Ω 电阻。

(4)两个 9013 三极管。

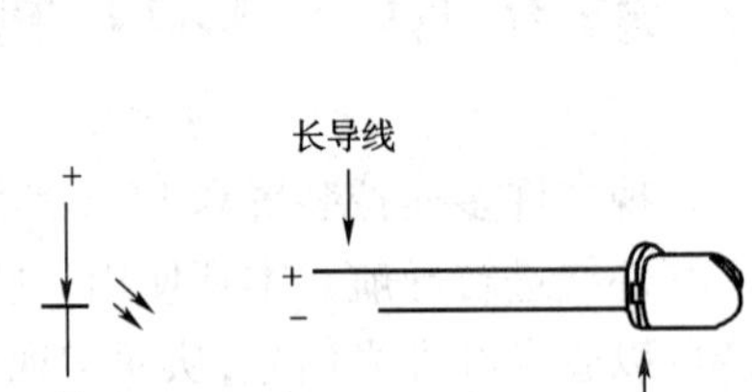

图 6-2　本章需要用到的新部件

6.2.1　搭建红外线前灯

电路板的每个角均安装一个 IR 组(IR LED 和检测器)。

(1)断开主板和伺服系统的电源。

(2)搭建图 6-3 所示的电路，可参考实物图 6-4。

6.2.2　这里为何要使用三极管 9013?

因为 C51 的 I/O 驱动能力较弱，这里我们加入三极管使三极管工作在开关状态。

三极管是一种控制元件，主要用来控制电流大小。简单地说，是用小电流去控制大电流。

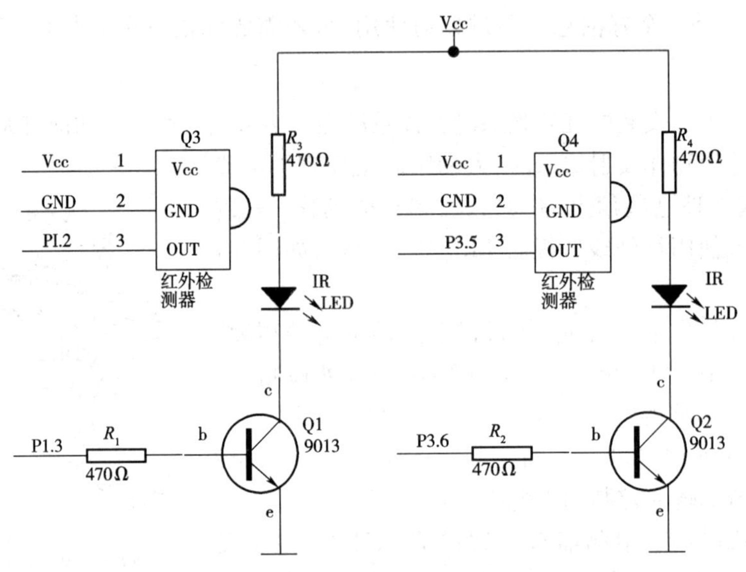

图 6-3　左侧和右侧 IR 组原理图

通过工艺的方法，把两个二极管背靠背地连接起来就组成了三极管。按 PN 结的组合方式不同分为 PNP 型和 NPN 型。本任务中用到的是 NPN 型三极管 9013。结构示意图及符号图如 6-5，管脚图如 6-6 所示。

现在简单地介绍一下 9013 的工作原理。它的基区做得很薄，当按图 6-3 连接时，发射结正偏，集电结反偏，发射区向基区注入电子，这时由于集电结反偏，对基区的电子有很强的吸引力，所以由发射区注入基区的电子大部分进入集电区，于是集电极的电流得到了增大。

在这个任务中，三极管相当于一个开关：当 P1.3(P3.6)置高时，从集电区经基区到发射区电路导通，加载在 IR LED 上的电压为 Vcc(5V)，IR LED 向外发射红外线；当 P1.3(P3.6)置低时，电路又断开，IR LED 停止发射。

图6-4 左右 IR 组实物参考图

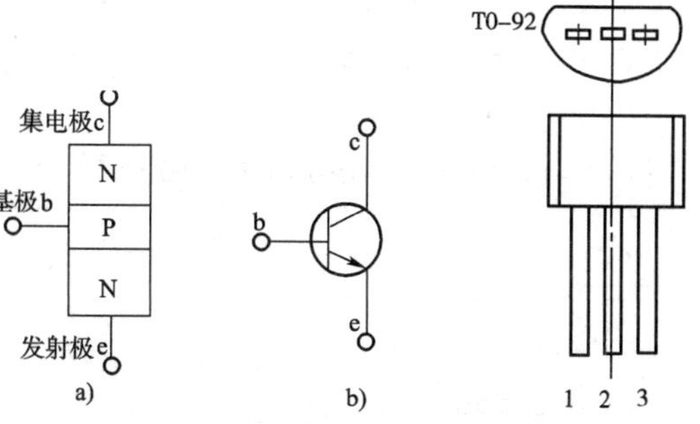

图6-5 结构图及符号图
a)结构图；b)符号图

图6-6 9013 管脚图
1-EMITTER（发射极）；2-BASE（基极）；3-COLLECTOR（集电极）

6.2.3 测试红外发射探测器

下面你要用 P1.3 发送持续 1ms 的 38.5kHz 的红外光。如果红外光被小车路径上的物体反射回来，红外检测器将给微控制器发送一个信号，让它知道已经检测到反射回的红外光。

让每个 IR LED 探测器组工作的关键是发送 1ms 频率为 38.5 kHz 的红外信号，然后立刻将 IR 探测器的输出存储到一个变量中。下面是一个例子，由 P1.3 发出 38.5kHz 的频率信号送到红外发射器，然后用整型变量 irDetectLeft 存储进入 P1_2 管脚的 I_R 探测器的信号。

```
for(counter =0;counter <38;counter + +)
{
    P1_3 =1;
    delay_nus(13);
    P1_3 =0;
    delay_nus(13);
}
irDetectLeft = P1_2state();
```

上述代码给 P1.3 输出的信号高电平 13μs，低电平为 13μs，总周期为 26μs，即频率约为 38.5kHz。总共输出 38 个周期的信号，即持续时间约为 1ms(38×26 约等于 1000μs)。

当没有红外信号返回时，探测器的输出状态为高。当探测器探测到被物体反射的 38.5kHz红外信号时，它的输出为低。因红外信号发送的持续时间为 1ms，因此 IR 探测器的输出如果处于低，其持续状态也不会超过 1ms，因此发送完信号后必须立即将 IR 探测器的输出存储到变量中。这些存储的值会显示在调试终端或被机器人用来导航。

6.2.4 例程：TestLeftIrPair.c

(1)打开教学板的电源。

(2)输入、保存并运行程序 TestLeftIrPair.c。

```
#include <BoeBot.h>
#include <uart.h>
int P1_2state(void)
{
    return (P1&0x04)? 1:0;
}
int main(void)
{
    int counter;
    int irDetectLeft;
    uart_Init();
    printf("Program Running!\n");

    while(1)
    {
        for(counter=0;counter<38;counter++)
        {
            P1_3=1;
            delay_nus(13);
            P1_3=0;
            delay_nus(13);
        }
        irDetectLeft=P1_2state();
        printf("irDetectLeft=%d\n",irDetectLeft);
        delay_nms(100);
    }
}
```

(3)保持机器人与串口电缆的连接,因为你需用调试终端来测试你的 IR 组。

(4)放一个物体,比如手或一张纸,距离左侧 IR 组大约 2～3cm,参考图 6-1 所示。

(5)验证当你放一个物体在 IR 组前时,调试终端是否会显示"irDetecfLeft = 0";当你将物体移开时,它是否显示"irDetectLeft = 1",如图 6-7 所示。

(6)如果调试终端显示的是预料的值,没发现物体时显示 1,发现物体时显示 0,然后转到例程后的程序运行。

如果调试终端显示的不是预料的值,试试按下面排查错误里的步骤进行排查。

(7)排查错误

- 如果调试终端显示的不是预料的值,检查电路和输入的程序。
- 如果你总是得到 0,甚至当没有物体在机器人前面时也是 0,可能是附近的物体反射了红外线。机器人前面的桌面是常见的始作俑者。调整红外发射器的角度,使 IR LED 和探测器不会受桌面等物体的影响。
- 如果机器人前面没有物体时绝大多数情况读数是 1,但是偶尔是 0,这可能是附近的荧光灯的干扰。关掉附近的荧光灯，重新测试。

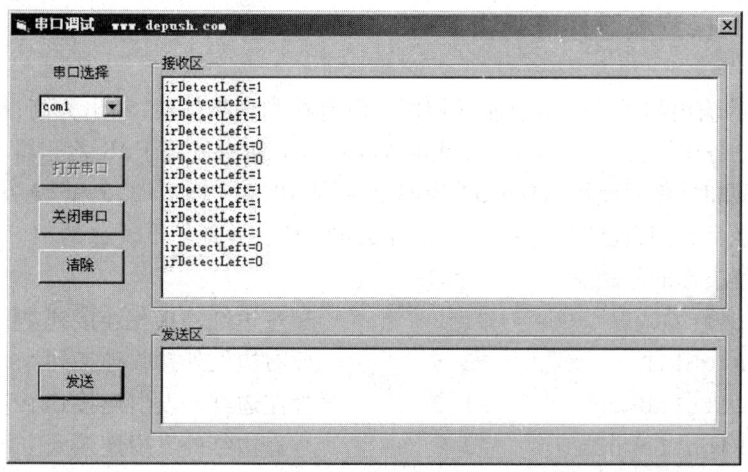

图 6-7 测试左 IR 组

6.2.5 函数延时的不精确性

如果你有数字示波器，你可以测量一下 P1.3 产生的方波频率并不是严格的 38.5kHz，而是比 38.5kHz 略低。为什么会这样呢？这是因为上面例程中除了延时函数本身严格产生 13μs 的延时外，延时函数的调用过程也会产生延时。因此实际产生的延时会比 13μs 更长。函数调用时，CPU 会先进行一系列的操作，这些操作是需要时间的，至少几个 μs，而现在所要求的延时也是微秒级，这就造成了延时的不精确性。怎么办呢，有没有更精确的解决方法呢？下面介绍一种常用的延时方法，这在实际工程中用得非常广泛。

如果你把 Keil uVision2 IDE 安装在了 C 盘，那么你将在 C:\Program Files\Keil\C51\INC 目录下发现头文件"INTRINS.H"，这个头文件里声明了空函数_nop_(void)，它能延时 1μs。这是当单片机在 12MHz 晶振下时计算出的，单片机 AT89S52 一个时钟周期（晶振频率的倒数）为：

$$T = 1/12M = (1/12) \times 10^{-6}s$$

而单片机的操作是用机器周期来计算的。一个机器周期为 12 个时钟周期。因此：

$$t = 12 \times T = 1 \times 10^{-6}s = 1\mu s$$

由于教学板的晶振选用 11.0592MHz，它能产生延时的时间是 1.08μs，与 1μs 比有稍许误差。

延时的方法还有很多。比如使用中断。中断的应用我们会在后续章节介绍。

6.2.6 该你了

（1）将程序 TestLeftIrPair.c 另存为 TestRightIrPair.c。

（2）更改名称和注释使程序适合于右侧 IR 组。

（3）采用刚刚讨论过的产生约 12μs 延时的程序片断替代延时函数 delay_nus(13)。

（4）将变量名 irDetectLeft 改为 irDetectRight。

（5）将函数名 P1_2state 改为 P3_5state，并将函数体中的 0x04 改为 0x20。

（6）重复本章 6.2 中的测试步骤，将 IR LED 连接到 P3.6，检测器连接到 P3.5。

6.3 任务二 探测和避开障碍物

IR 检测器的输出与触须的输出非常相像。没有检测到物体时,输出为高;检测到物体时,输出为低。本任务中,更改程序 RoamingWithWhiskers. c 使它适用于 IR 检测器。

进行 IR 探测时,你要使用 AT89S52 的四个引脚:P1.2、P1.3、P3.5 和 P3.6。在学习的过程中你是不是经常会问自己"这个引脚是干什么的,那个引脚是干什么的?"。下面介绍一个方法可很好的解决你的问题。

```
#define LeftIR          P1_2        //左边红外接收连接到 P1_2
#define RightIR         P3_5        //右边红外接收连接到 P3_5
#define LeftLaunch      P1_3        //左边红外发射连接到 P1_3
#define RightLaunch     P3_6        //右边红外发射连接到 P3_6
```

这里用到了指令:#define。它可以声明标识符常量。往后,你就可以用 LeftIR 代替P1_2,用 RightIR 代替 P3_5。

6.3.1 改变触须程序使其适用于 IR 检测和躲避

下一个例程与 RoamingWithWhiskers. c 相似:更改旁边的名称和描述,加入两个变量来存储 IR 检测器的状态。

```
int irDetectLeft
int irDetectRight
```

调用一个函数 void IRLaunch(unsigned char IR)来进行红外线发射。

```
void IRLaunch(unsigned char IR)
{
  int counter;
  if(IR = ='L')
    for(counter =0;counter <1000;counter + +)//左边发射
    {
      LeftLaunch =1;
        _nop_(); _nop_(); _nop_(); _nop_(); _nop_(); _nop_();
        _nop_(); _nop_(); _nop_(); _nop_(); _nop_(); _nop_();
      LeftLaunch =0;
        _nop_(); _nop_(); _nop_(); _nop_(); _nop_(); _nop_();
        _nop_(); _nop_(); _nop_(); _nop_(); _nop_(); _nop_();
    }
  if(IR = ='R')
    for(counter =0;counter <1000;counter + +)//右边发射
    {
      RightLaunch =1;
        _nop_(); _nop_(); _nop_(); _nop_(); _nop_(); _nop_();
        _nop_(); _nop_(); _nop_(); _nop_(); _nop_(); _nop_();
```

```
        RightLaunch =0;
          _nop_(); _nop_(); _nop_(); _nop_(); _nop_(); _nop_();
          _nop_(); _nop_(); _nop_(); _nop_(); _nop_(); _nop_();
     }
}
```

修改 if…else 语句存储 IR 检测信息的变量。

```
if((irDetectLeft = =0)&&(irDetectRight = =0))//两边同时接收到红外线
{
    Left_Turn();
    Left_Turn();
}
else if(irDetectLeft = =0)                          //只有左边接收到红外线
    Right_Turn();
else if(irDetectRight = =0)                         //只有右边接收到红外线
    Left_Turn();
else
    Forward();
```

6.3.2 例程:RoamingWithIr. c

(1)打开教学板的电源。

(2)保存并运行程序。

(3)验证机器人的行为并运行程序 RoamingWithWhiskers. c。

```
#include <BoeBot.h>
#include <uart.h>
#include <intrins.h>

#define LeftIR          P1_2          //左边红外接收连接到 P1_2
#define RightIR         P3_5          //右边红外接收连接到 P3_5
#define LeftLaunch      P1_3          //左边红外发射连接到 P1_3
#define RightLaunch     P3_6          //右边红外发射连接到 P3_6

void IRLaunch(unsigned char IR)
{
    int counter;
    if(IR = ='L')          //左边发射
    for(counter =0;counter <1000;counter + +)//发射时间比胡须长
    {
       LeftLaunch =1;
         _nop_(); _nop_(); _nop_(); _nop_(); _nop_(); _nop_();
         _nop_(); _nop_(); _nop_(); _nop_(); _nop_(); _nop_();
```

```
        LeftLaunch =0;
          _nop_(); _nop_(); _nop_(); _nop_(); _nop_(); _nop_();
          _nop_(); _nop_(); _nop_(); _nop_(); _nop_(); _nop_();
    }
    if(IR = ='R')           //右边发射
    for(counter =0;counter <1000;counter + +)
    {
        RightLaunch =1;
          _nop_(); _nop_(); _nop_(); _nop_(); _nop_(); _nop_();
          _nop_(); _nop_(); _nop_(); _nop_(); _nop_(); _nop_();
        RightLaunch =0;
          _nop_(); _nop_(); _nop_(); _nop_(); _nop_(); _nop_();
          _nop_(); _nop_(); _nop_(); _nop_(); _nop_(); _nop_();
    }
}
void Forward(void)        //向前行走子程序
{
    P1_1 =1;
    delay_nus(1700);
    P1_1 =0;
    P1_0 =1;
    delay_nus(1300);
    P1_0 =0;
    delay_nms(20);
}
void Left_Turn(void)    //左转子程序
{
    int i;
    for( i =1;i < =26;i + +)
    {
        P1_1 =1;
        delay_nus(1300);
        P1_1 =0;
        P1_0 =1;
        delay_nus(1300);
        P1_0 =0;
      delay_nms(20);
    }
}
void Right_Turn(void)  //右转子程序
```

```
{
    int i;
    for( i =1;i < =26;i ++)
    {
        P1_1 =1;
        delay_nus(1700);
        P1_1 =0;
        P1_0 =1;
        delay_nus(1700);
        P1_0 =0;
        delay_nms(20);
    }
}
void Backward(void)                         //向后行走子程序
{
    int i;
    for( i =1;i < =65;i ++)
    {
        P1_1 =1;
        delay_nus(1300);
        P1_1 =0;
        P1_0 =1;
        delay_nus(1700);
        P1_0 =0;
        delay_nms(20);
    }
}
int main(void)
{
    int irDetectLeft,irDetectRight;
    uart_Init();
    printf("Program Running! \n");
    while(1)
    {
        IRLaunch('R');                  //右边发射
        irDetectRight = RightIR;        //右边接收
        IRLaunch('L');                  //左边发射
        irDetectLeft = LeftIR;          //左边接收
        if((irDetectLeft = =0)&&(irDetectRight = =0))//两边同时接收到红外线
        {
```

```
            Backward();
            Left_Turn();
            Left_Turn();
        }
        else if(irDetectLeft = =0)                              //只有左边接收到红外线
        {
            Backward();
            Right_Turn();
        }
        else if(irDetectRight = =0)                             //只有右边接收到红外线
        {
            Backward();
            Left_Turn();
        }
        else
            Forward();
    }
}
```

掌握了胡须导航的你不难理解该例程是如何工作的。它采取了与胡须相同的导航策略。

例程有一点需要说明:红外发射的时间延长了,这是为了更有效地检测障碍物,这个时间可以改动。但发射的频率没有多大的变化,仍是38.5kHz左右。

6.4 任务三 高性能的IR导航

使用触须导航时,碰到障碍物时小车应对的预编程机动动作,换成使用IR LED和探测器时会造成不必要的迟钝,因为红外探测器的探测距离大,会造成预编程机动动作无法适应。发送脉冲给电机之前检查障碍物,可以大大改善机器人的行走性能。程序可以使用传感器输入,为每个瞬间的导航选择最好的机动动作。这样,机器人永远不会走过头,它会找到绕开障碍物的完美路线,成功的走过更加复杂的路线。

6.4.1 在每个脉冲之间采样以避免碰撞

探测障碍物很重要的一点是在机器人撞到它之前给机器人留有绕开它的空间。如果前方有障碍物,机器人会使用脉冲命令避开,然后探测,如果物体还在,再使用另一个脉冲来避开它。然后它会继续发向前行走的脉冲。看过下面的例程后,你会认同这对于机器人行走是一个很好的方法。

6.4.2 例程:FastIrRoaming.c

输入、保存并运行程序FastIrRoaming.c。

```
#include <BoeBot.h>
#include <uart.h>
```

```
#include <intrins.h>

#define LeftIR          P1_2        //左边红外接收连接到 P1_2
#define RightIR         P3_5        //右边红外接收连接到 P3_5
#define LeftLaunch      P1_3        //左边红外发射连接到 P1_3
#define RightLaunch     P3_6        //右边红外发射连接到 P3_6

void IRLaunch(unsigned char IR)
{
    int counter;
    if(IR=='L')//左边发射
    for(counter=0;counter<1000;counter++)
    {
        LeftLaunch=1;
          _nop_(); _nop_(); _nop_(); _nop_(); _nop_(); _nop_();
          _nop_(); _nop_(); _nop_(); _nop_(); _nop_(); _nop_();
        LeftLaunch=0;
          _nop_(); _nop_(); _nop_(); _nop_(); _nop_(); _nop_();
          _nop_(); _nop_(); _nop_(); _nop_(); _nop_(); _nop_();
    }
    if(IR=='R')//右边发射
    for(counter=0;counter<1000;counter++)//右边发射
    {
        RightLaunch=1;
          _nop_(); _nop_(); _nop_(); _nop_(); _nop_(); _nop_();
          _nop_(); _nop_(); _nop_(); _nop_(); _nop_(); _nop_();
        RightLaunch -0;
          _nop_(); _nop_(); _nop_(); _nop_(); _nop_(); _nop_();
          _nop_(); _nop_(); _nop_(); _nop_(); _nop_(); _nop_();
    }
}
int main(void)
{
    int pulseLeft,pulseRight;
    int irDetectLeft,irDetectRight;
    uart_Init();
    printf("Program Running! \n");
    do
    {
        IRLaunch('R');          //右边发射
```

```
        irDetectRight = RightIR;   //右边接收
        IRLaunch('L');             //左边发射
        irDetectLeft = LeftIR;     //左边接收
        if((irDetectLeft = =0)&&(irDetectRight = =0))//向后退
        {
            pulseLeft =1300;
            pulseRight =1700;
        }
        else if((irDetectLeft = =0)&&(irDetectRight = =1))//右转
        {
            pulseLeft =1700;
            pulseRight =1700;
        }
        else if((irDetectLeft = =1)&&(irDetectRight = =0))//左转
        {
            pulseLeft =1300;
            pulseRight =1300;
        }
        else //前进
        {
            pulseLeft =1700;
            pulseRight =1300;
        }
        P1_1 =1;
        delay_nus(pulseLeft);
        P1_1 =0;
        P1_0 =1;
        delay_nus(pulseRight);
        P1_0 =0;
        delay_nms(20);
    }
    while(1);
}
```

6.4.3 FastIrRoaming.c 是如何工作的?

这个程序使用驱动脉冲的方法,与前面的例程稍有不同。除了两个存储 IR 检测器输出的状态以外,它还使用两个整型变量来设置发送的脉冲持续时间。

```
int pulseLeft,pulseRight;
int irDetectLeft,irDetectRight;
```

前面,你学习了当型循环控制语句 while,它的一般表达式为:while(表达式)语句;

这里,你要学到另一种循环控制语句。

6.4.4 do…while 语句

在 C 语言中,直到型循环控制语句是“do…while”,它的一般形式为:

do 语句 while(表达式);

其中,语句通常为复合语句,称为循环体。

do…while 语句的基本特点是:先执行后判断。因此,循环体至少被执行一次。

在 do 循环体中,发送 38.5 kHz 的 IR 信号给每个 IR LED。当脉冲发送完后,变量立即存储 IR 检测器的输出状态。这是很有必要的,因为如果等待的时间太长,无论是否发现物体,将返回没有探测到物体的状态 0。

```
IRLaunch('R');                  //右边发射
irDetectRight = RightIR;        //右边接收
IRLaunch('L');                  //左边发射
irDetectLeft = LeftIR;          //左边接收
```

在 if…else 语句中,程序不是发送脉冲或调用导航程序,而是设置发送的脉冲持续时间。

```
if((irDetectLeft = =0)&&(irDetectRight = =0))
{
    pulseLeft =1300;
    pulseRight =1700;
}
else if(irDetectLeft = =0)
{
    pulseLeft =1700;
    pulseRight =1700;
}
else if(irDetectRight = =0)
{
    pulseLeft =1300;
    pulseRight =1300;
}
else
{
    pulseLeft =1700;
    pulseRight =1300;
}
```

在重复循环体之前,要做的最后一件事是发送脉冲给伺服电机。

```
P1_1 =1;
delay_nus(pulseLeft);
P1_1 =0;
```

```
P1_0 =1;
delay_nus(pulseRight);
P1_0 =0;
delay_nms(20);
```

6.4.5 该你了

(1)将程序 FastIrRoaming.c 另存为 FastIrRoamingYourTurn.c。

(2)用 LED 来指示机器人探测到物体。

(3)试着更改 pulseLeft 和 pulseRight 的值,使机器人以一半的速度行走。

6.5 任务四 俯视的探测器

学习到目前为止,当机器人探测到前面有障碍物时,可使机器人做避让动作。也有一些场合,当没有探测到障碍物时,机器人也必须采取避让动作。例如,如果机器人在桌子上行走,IR 检测器向下监测桌子表面,只要 IR 探测器能够"看"到桌子表面,程序会使机器人继续向前走。换句话说,只要桌子表面能够被探测到,机器人就会继续向前走。

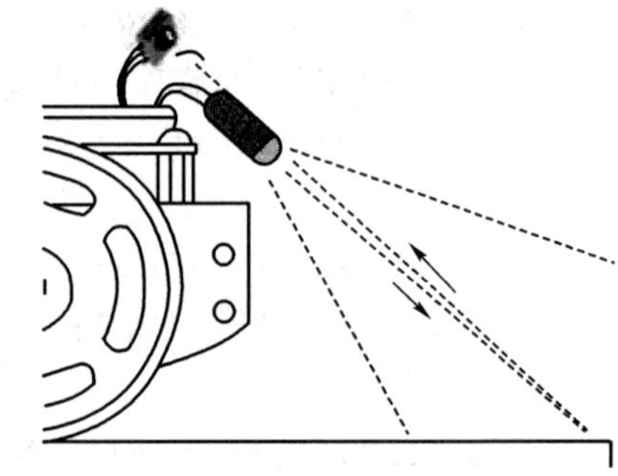
图 6-8 俯视的探测器

操作步骤如下:

(1)断开主板和伺服系统的电源。

(2)用 1 kΩ(或 2 kΩ)电阻代替图 6-3 中 R_3(R_4),这样就可减小流到 IR LED 的电流,从而降低了发射功率,使机器人在本任务中"看"得近一些。

(3)使 IR 组向外向下,如图 6-8 所示。

6.5.1 边沿探测编程

要使机器人在桌面行走而不会走到桌边,只需修改程序 FastIrRoaming.c 中的 if…else 语句。主要的修改是,当 irDetectLeft 和 irDetectRight 的值都是 0 时,表明在桌子表面检测到物体(桌面),机器人向前行走。机器人也会从一个检测器的那边避开,当这个检测器表明它没有发现物体(桌面)时。例如,如果 irDetectLeft 的值是 1,机器人会向右转。

避开边沿程序的第二个特征是识别向其他方向行动时可以调整的行走距离。通常情况下,机器人在检查两个检测器之间只响应一个向前的脉冲,但只要发现边沿,在下一次检测之前使它响应几个对转动有利的脉冲。

在躲避的动作中使用了几个脉冲,它并不意味着必须返回到触须式的导航。相反,可以增加变量 pulseCount 来设置传输给机器人的脉冲数。一个向前的脉冲,pulseCount 可以是 1;10 个向左的脉冲,pulseCount 可以设为 10,等等。

6.5.2 例程:AvoidTableEdge.c

(1)打开程序 FastIrRoaming.c,并另存为 AvoidTableEdge.c。

(2)修改它使其与下面例程匹配。

(3)打开主板与电机的电源。

(4)在带绝缘,带边框的场地上测试程序。

```
#include <BoeBot.h>
#include <uart.h>
#include <intrins.h>

#define LeftIR          P1_2        //左边红外接收连接到 P1_2
#define RightIR         P3_5        //右边红外接收连接到 P3_5
#define LeftLaunch      P1_3        //左边红外发射连接到 P1_3
#define RightLaunch     P3_6        //右边红外发射连接到 P3_6

void IRLaunch(unsigned char IR)
{
    int counter;
    if(IR=='L')//左边发射
    for(counter=0;counter<1000;counter++)
    {
        LeftLaunch=1;
          _nop_(); _nop_(); _nop_(); _nop_(); _nop_(); _nop_();
          _nop_(); _nop_(); _nop_(); _nop_(); _nop_(); _nop_();
        LeftLaunch=0;
          _nop_(); _nop_(); _nop_(); _nop_(); _nop_(); _nop_();
          _nop_(); _nop_(); _nop_(); _nop_(); _nop_(); _nop_();
    }
    if(IR=='R')//右边发射
    for(counter=0;counter<1000;counter++)
    {
        RightLaunch=1;
          _nop_(); _nop_(); _nop_(); _nop_(); _nop_(); _nop_();
          _nop_(); _nop_(); _nop_(); _nop_(); _nop_(); _nop_();
        RightLaunch=0;
          _nop_(); _nop_(); _nop_(); _nop_(); _nop_(); _nop_();
          _nop_(); _nop_(); _nop_(); _nop_(); _nop_(); _nop_();
    }
}
int main(void)
{
    int i,pulseCount;
    int pulseLeft,pulseRight;
    int irDetectLeft,irDetectRight;
    uart_Init();
```

```
printf("Program Running! \n");
do
{
    IRLaunch('R');                    //右边发射
    irDetectRight = RightIR;          //右边接收
    IRLaunch('L');                    //左边发射
    irDetectLeft = LeftIR;            //左边接收
    if((irDetectLeft==0)&&(irDetectRight==0))       //向前走
    {
        pulseCount=1;
        pulseLeft=1700;
        pulseRight=1300;
    }
    else if((irDetectLeft==1)&&(irDetectRight==0)) //右转
    {
        pulseCount=10;
        pulseLeft=1300;
        pulseRight=1300;
    }
    else if((irDetectLeft==0)&&(irDetectRight==1)) //左转
    {
        pulseCount=10;
        pulseLeft=1700;
        pulseRight=1700;
    }
    else                                            //后退
    {
        pulseCount=15;
        pulseLeft=1300;
        pulseRight=1700;
    }
    for(i=0;i<pulseCount;i++)
    {
        P1_1=1;
        delay_nus(pulseLeft);
        P1_1=0;

        P1_0=1;
        delay_nus(pulseRight);
        P1_0=0;
```

```
            delay_nms(20);
        }
    }
    while(1);
}
```

6.5.3 AvoidTableEdge.c 是如何工作的?

在程序中加入一个 for 循环来控制每次发送多少脉冲。加入一个变量 pulseCount 作为循环的次数。

int pulseCount;

在 if…else 中设置 pulseCount 的值就像设置 pulseRight 和 pulseLeft 的值一样。如果两个检测器都能看到桌面,响应一个向前的脉冲:

```
if((irDetectLeft = =0)&&(irDetectRight = =0))
{
    pulseCount =1;
    pulseLeft =1700;
    pulseRight =1300;
}
```

如果左边的 IR 检测器没有看到桌面,则向右旋转发 10 个脉冲:

```
else if(irDetectLeft = =1)
{
    pulseCount =10;
    pulseLeft =1300;
    pulseRight =1300;
}
```

如果右边的 IR 检测器没有看到桌面,则向左转发 10 个脉冲:

```
else if(irDetectRight = =1)
{
    pulseCount =10;
    pulseLeft =1700;
    pulseRight =1700;
}
```

如果两个检测器都看不到桌面,则向后退发 15 个脉冲,希望其中一个检测器能够看到桌子边沿:

```
else
{
    pulseCount =15;
    pulseLeft =1300;
    pulseRight =1700;
}
```

现在 pulseCount，pulseLeft 和 pulseRight 的值都已设置，for 循环发送由变量 pulseLeft 和 pulseRight 决定的脉冲数：

```
for(int i =0;i <pulseCount;i + +)
{
    P1_1 =1;
    delay_nus(pulseLeft);
    P1_1 =0;
    P1_0 =1;
    delay_nus(pulseRight);
    P1_0 =0;
    delay_nms(20);
}
```

6.5.4 该你了

你可以在 if…else 中给 pulseLeft，pulseRight 和 pulseCount 设置不同的值来做一些试验。举个例子，如果机器人走得不远，只是沿着绝缘带的边界行走，用向后转代替转弯会让小车的行为很有趣。

(1)调整程序 AvoidTableEdge. c 的 pulseCount 的值，使机器人在有绝缘带边界的场地中行走，但不会避开绝缘带太远。

(2)用使机器人在场内行走而不是沿边沿行走的方法——绕轴旋转做试验。

本 章 小 结

(1)定时/计数器的应用及编程实现。

(2)C51 单片机中断服务函数的概念和使用。

(3)C 语言一维数组的使用。

(4)机器人红外测距及跟随策略的实现。

习　　题

1. 请查找 C51 单片机定时/计数器的其他操作。

2. 除了本章用到的一维整型数组外，还有哪些类型数组？

3. 数组除了初始化赋值外，还有哪些赋值方法？

第 7 章　机器人的距离检测

在第 5 章中，你用红外传感器探测是否有物体挡在机器人的前方路线上，并不用接触到物体本身。如果能知道距离障碍物有多远不是更好吗？这通常是声呐完成的任务。它发送出一组声音脉冲并记录下回声反射回来所需的时间。从发送脉冲到接收到回波的时间可以用来计算距离物体有多远。然而，还有一种完成距离探测的方法，它采用与第 6 章相同的电路。

如果机器人可以检测到自己与前方物体之间的距离，你就可以编程让机器人跟随物体行走而不会碰上它。你也可以编程让机器人沿着白色背景上的黑色轨迹行走。

7.1　用 IR LED/探测电路检测距离

你将用同第 6 章一样的 IR LED/探测电路来探测距离。提示如下：

(1)如果该电路仍然完好的在你的机器人上，确认红外线 LED 电路中含有 470Ω 的电阻。

(2)如果你已经拆掉了该电路，请参照第 6 章 6.1 的内容重新搭建。

(3)推荐工具和原料：

①尺子。

②一张纸。

7.2　任务一　定时/计数器的运用

要完成本章的主要任务，需要用到单片机更精确的定时功能，因此首先介绍 51 单片机定时/计数器的使用方法。单片机的定时/计数器能够提供更精确的时间。

前面已经介绍了几种延时方法，除了空操作函数_nop_( )外，定时/计数器能产生更精确的延时。它的最小延时单位为 1 个机器周期。前面讲过：若晶振频率为 12MHz，则延时单位为 1μs；若为 11.0592MHz，则延时单位为 1.08μs。

单片机 AT89S52 的定时/计数器可以分为定时器模式和计数器模式。其实这两种模式没有本质上的区别，均使用二进制的加一计数：当计数器的值计满回零时能自动产生中断请求，以此来实现定时或者计数功能。它们的不同之处在于定时器使用单片机的时钟来计数，而计数器使用的是外部信号。

7.2.1　定时/计数器的控制

单片机 AT89S52 有两个定时/计数器，通过 TCON 和 TMOD 这两个特殊功能寄存器控制。TCON 和 TMOD 你都可以在头文件 uart.h 中看到其应用。

TCON 为定时器控制寄存器，有 8 位，每个位的含义如表 7-1 所示。TCON 的低 4 位与定时器无关，它们用于检测和触发外部中断。

TMOD 为定时器模式寄存器，它也有 8 位，但不能像 TCON 一样可以一位一位的设置，只能通过字节传送指令来设定 TMOD 的各个状态。TMOD 的各位定义如表 7-2 所示。

TCON 控制寄存器 表 7-1

位	符 号	描 述
TCON.7	TF1	定时器 1 溢出标志位。由硬件置位,由软件清除
TCON.6	TR1	定时器 1 运行控制位。由软件置位或清除:置 1 为启动;置 0 为停止
TCON.5	TF0	定时器 0 溢出标志位
TCON.4	TR0	定时器 0 运行控制位
TCON.3	IE1	外部中断 1 边沿触发标志
TCON.2	IT1	外部中断 1 类型标志位
TCON.1	IE0	外部中断 0 边沿触发标志
TCON.0	IT0	外部中断 0 类型标志位

TMOD 模式寄存器 表 7-2

位	名 字	定时器	描 述
7	GATE	1	门控制。当被置为 1 时,只有$\overline{INT}$为高电平时,定时器才开始工作
6	C/$\overline{T}$	1	定时/计数器选择位:1 = 计数器;0 = 定时器
5	M1	1	模式位 1(见表 7-3)
4	M0	1	模式位 0(见表 7-3)
3	GATE	0	定时器 0 的门控制位
2	C/$\overline{T}$	0	定时器 0 的定时/计数选择位
1	M1	0	定时器 0 的模式位 1
0	M0	0	定时器 0 的模式位 0

工作模式

每个定时/计数器都有一个 16 位的寄存器 Tn(n = 0 或 1)来控制计数长度,由高 8 位 THn 和低 8 位 TLn 置初值。定时/计数器有四种工作模式(见表 7-3)。

定时器工作模式 表 7-3

M1	M0	模 式	M1	M0	模 式
0	0	0	1	0	2
0	1	1	1	1	3

模式 0:定时/计数器按 13 位自加 1 计数器工作。这 13 位由 TH 的全部 8 位和 TL 中的低 5 位组成,TL 中的高 3 位没有用到。

模式 1:定时/计数器按 16 位自加 1 计数器工作。

模式 2:定时/计数器被拆成一个 8 位寄存器 TH 和一个 8 位计数器 TL,以便实现自动重载。这种模式使用起来非常方便,一旦设置好 TMOD 和 THn,定时器就可以按设定好的周期溢出。

模式 3:TH0 和 TL0 均作为两个独立的 8 位计数器工作。定时器 1 在模式 3 下不工作。

定时/计数器初值的计算

定时/计数器是在计数初值的基础上加法记数的,假设 Tn(TLn 和 THn)中写入的值为

TC,在该模式下最大计数值为 2^n,程序运行的计数值为 CC,则:

$$TC = 2^n - CC$$

你在第 2 章已经用 LED 来测试电路,通过延时函数使 LED 每隔一段时间闪烁一次。在本任务中,你是否可以通过定时/计数器来实现 LED 测试电路呢?

假设通过 P1_0 所接的灯每 0.4ms 闪动一次,即每过 0.2ms 灭一次,再过 0.2ms 亮一次。

模式 2 最大计数值为 256μs(2^8),满足要求,因此用模式 2 来显示 LED 灯闪烁功能,计数的值 CC 为 0.2ms/1μs = 200。利用公式计算得出 TC = 256 - 200 = 59,换成十六进制:TC = 0x38。

7.2.2 例程:TimeApplication.c

(1)搭建 LED 的测试电路(具体请参照第 2 章内容)。

(2)接通教学板的电源。

(3)输入、保存并运行程序 Time_Application.c。

(4)验证与 P1.0 连接的 LED 是否每 0.4ms 闪烁一次。

```
#include <AT89X52.H>
#include <stdio.h>

void initial(void);                    //子函数声明
void main(void)
{
    initial();                         //调用定时/计数器初始化函数
    while(1);                          //等待中断
}
/* ====================================
  初始化定时/计数器函数
-------------------------------------*/
void initial(void)
{
    IE = 0x82;                         //开总中断 EA,允许定时器 0 中断 ET0
    TCON = 0x00;                       //停止定时器,清除标志
    TMOD = 0x02;                       //工作在定时器 0 的模式 2 中
    TH0 = 0x38;                        //设置重载值
    TL0 = 0x38;                        //设置定时器初值
    TR0 = 1;                           //启动定时器 0
}
//中断服务程序
void TIMER(void) interrupt 1           //中断服务程序,1 是定时器 0 的中断号
{
    P1_0 = ~P1_0;                      //P1_0 的值取反
}
```

7.2.3 TimeApplication. c 是如何工作的?

在程序开头,你看到了两个头文件——AT89X52. H 和 stdio. h。它们有什么用呢? 打开这两个头文件(AT89X52. H 在"C:\Program Files\Keil\C51\INC\Atmel"目录下,stdio. h 在"C:\Program Files\Keil\C51\INC"目录下),你可以看到:在 AT89X52. H 中对一些标识符进行了声明,如 P1_0、IE、TCON 等;而 stdio. h 对常用的一些 I/O 函数进行了声明,如 printf( )等。

之前写程序时为什么没有加入这两个头文件呢? 仔细研究以前程序用到的头文件 uart. h,你可以看到,这两个头文件已经包括在了程序中,所以就没必要再加入了。

在 C 程序中,一个函数的定义可以放在任意位置,既可放在主函数 main 之前,也可放在 main 之后,但如果放在 main 之后,则应该在 main 函数的前面加上这个函数的声明:

void initial(void); //子函数声明

主函数 main( )很好理解:首先对中断进行初始化设置,然后等待中断。

IE =0x82;

EA =1 且 ET0 =1,打开了全局和定时器 0 的中断(参考表 7-4)。

TCON =0x00;

停止定时器工作,并清除了中断标志(参考表 7-1)。

TMOD =0x02;

M1 =0 且 M0 =0,定时器 0 选择模式 2(参考表 7-3)。

TH0 =0x38;

TL0 =0x38;

设置计数初值和重载值。

TR0 =1;

启动定时器 0(参考表 7-1)。

7.2.4 中断

中断即发生了某种情况(事件),使得 CPU 暂时中止当前程序的执行,转去执行相应的处理程序。中断在单片机应用的设计与实现中起着非常重要的作用。使用中断允许系统响应事件,并在执行其他程序的过程中处理该事件。中断驱使系统能够在同一时间处理许多任务。在某种程度上,中断与子程序有些相似。

单片机 AT89S52 有 5 个中断源:2 个外部中断源;2 个定时器中断;1 个串口中断。

每个中断源可以单独允许或禁止,通过修改可位寻址的专用寄存器 IE(允许中断寄存器)实现,如表 7-4 所示。

IE(中断使能)寄存器简表 表 7-4

位	符号	描述(1=使能,0=禁止)	位	符号	描述(1=使能,0=禁止)
IE.7	EA	全局允许/禁止	IE.3	ET1	允许定时器 1 中断
IE.6		未定义	IE.2	EX1	允许外部中断 1
IE.5	ET2	允许定时器 2 中断	IE.1	ET0	允许定时器 0 中断
IE.4	ES	允许串口中断	IE.0	EX0	允许外部中断 0

中断优先级

AT89S52 的中断分为 2 级,高和低。利用"优先级"的概念,允许拥有高优先级的中断源中断正在执行的低优先级中断源的中断执行程序,去处理高优先级的中断源的中断服务程序。

同级中断的优先级由高到低依次为:外部中断 0,定时器 0,外部中断 1,定时器 1,串口中断,定时器 2 中断。

编译器 Keil uVision 2 支持在 C 源程序中直接开发中断程序,提高了工作效率。中断服务程序是按规定语法格式定义的一个函数,语法格式如下:

```
返回值 函数名([参数])interrupt m[using n]
{
    ……
}
```

其中,m(0 ~31)表示中断号,C51 编译器允许32 个中断,定时器0 的中断号为1;n(0 ~3)表示第 n 组寄存器,例程没有使用该参数,默认为寄存器组 0。

由于 LED 灯的闪烁频率过快,而人的视觉反应不够快,因此你观察到 LED 灯是一直亮着的。你可以借助示波器观察 P1.0 输出的是不是矩形波,周期是不是 400μs。

7.2.5 该你了——调整定时器时间

为了可以看见 LED 灯闪烁,你可以使用定时器模式 0。由于在此方式下最大延时时间为 8ms($2^{13}=8192$),人眼可以分辨。对比第 2 章的 LED 程序,分析它们有何不同之处。使用示波器观察,你会发现使用定时器方式可以产生更精确的时间。

7.3 任务二 测试扫描频率

7.3.1 红外线探测器频率探测

图 7-1 显示的是教材所使用的红外线探测器频率与灵敏度关系数据表的部分摘录。这个摘录显示了红外线探测器在接收到频率不同于 38.5kHz 红外线信号时其敏感程度随频率变化的曲线图。例如,当你发送频率为 40kHz 的信号给探测器时,它的灵敏度是频率为 38.5kHz 的 80%;如果红外 LED 发送频率为 42kHz,探测器的灵敏度是频率为 38.5kHz 的 50% 左右。对于灵敏度很低的频率,为了让探测器探测到反射的红外线,物体必须离探测器更近。

从另一个角度来考虑,高灵敏度的频率可以探测远距离的物体,低灵敏度的频率可以探测距离较近的物体。这使得距离探测变简单了。

选择 5 个不同频率,从最低灵敏度到最高灵敏度进行测试,直至探测器不能再检测到物体的红外线频率,就可以推断物体的大概位置。

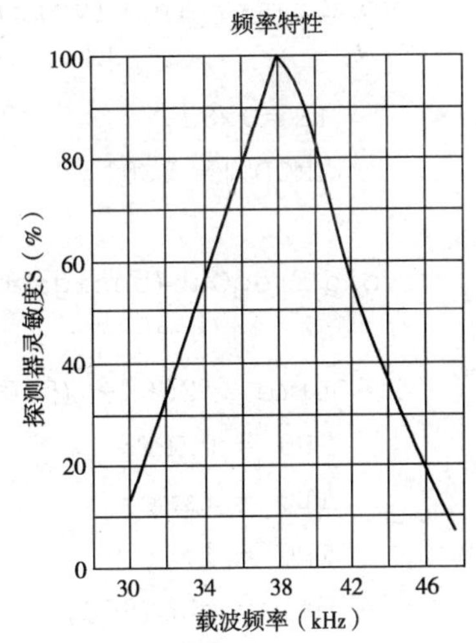

图 7-1 灵敏度与频率关系图

7.3.2 对频率扫描进行编程做距离探测

图 7-2 举例说明机器人如何用红外发射频率做距离测试。在这个例子中,目标物体在区域3。也就是说,发送 35 700Hz 和 38 460Hz 频率能发现物体,发送 29 370Hz、31 230Hz 以及

33 050Hz频率就不能发现物体。如果你移动物体到区域 2,那么发送 33 050Hz、35 700Hz 以及 38 460Hz 可以发现物体,发送 29 370Hz 和 31 230Hz 频率则不能发现物体。

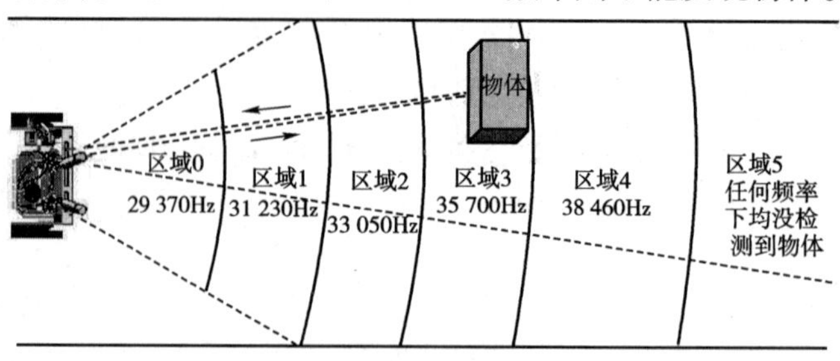

图 7-2 频率和探测区域

7.3.3 例程:TestLeftFrequencySweep. c

例程要做两件事情:首先,测试 IR LED/探测器(分别与 P1.3 和 P1.2 连接)以确认它们的距离探测功能正常;然后,完成图 7-2 所示的频率扫描。

```
#include <BoeBot.h>
#include <uart.h>

#define LeftIR          P1_2        //左边红外接收连接到 P1_2
#define LeftLaunch      P1_3        //左边红外发射连接到 P1_3
unsigned int time;                  //定时时间值
int leftdistance;                   //左边的距离
int distanceLeft, irDetectLeft;
unsigned int frequency[5] = {29370,31230,33050,35700,38460};
void timer_init(void)
{
    IE = 0x82;                      //开总中断 EA,允许定时器 0 中断 ET0
    TMOD |= 0X01;                   //定时器 0 工作在模式 1:16 位定时器模式
}
void FreqOut(unsigned int Freq)
{
    time = 256 - (500000/Freq);     //根据频率计算初值
    TH0 = 0XFF;                     //高八位设 FF
    TL0 = time;                     //低八位根据公式计算
    TR0 = 1;                        //启动定时器
    delay_nus(800);                 //延时
    TR0 = 0;                        //停止定时器
}
void Timer0_Interrupt(void) interrupt 1     //定时器中断
{
    LeftLaunch = ~LeftLaunch;       //取反
```

```
        TH0 = 0xFF;                     //重新设值
        TL0 = time;
    }
    void Get_lr_Distances()
    {
        unsigned int count;
        leftdistance = 0;               //初始化左边的距离
        for(count = 0;count <5;count + +)
        {
            FreqOut(frequency[count]);//发射频率
            irDetectLeft = LeftIR;
            printf("irDetectLeft = %d",irDetectLeft);
            if(irDetectLeft = = 1)
                leftdistance + +;
        }
    }
    int main(void)
    {
        uart_Init();
        timer_init();
        printf("Progam Running! \n");
        printf("FREQENCY ETECTED\n");
        while(1)
        {
            Get_lr_Distances();
            printf("distanceLeft = %d\n",leftdistance);
            printf("- - - - - - - - - - - - - - - - -\n");
            delay_nms(1000);
        }
    }
```

7.3.4 TestLeftFrequencySweep.c 是如何工作的?

还记得“数组”吗?在第3章任务四——用你的计算机来控制机器人的运动中,你用字符型数组存储机器人的运动。这里你将用整数型数组存储五个频率值:

unsigned int frequency[5] = {29370,31230,33050,35700,38460};

uart_Init();

串口的初始化,这个函数已多次用到。

timer_init();

定时器的初始化。此例程使定时器0工作在模式1,16位定时模式,不具备自动重载功能。注意,timer_init()并没有开启定时器。

Get_lr_Distances( );

机器人要发射某一频率,该给定时器设定多大的值呢?

频率为 f 时,周期 $T=1/f$,高低电平持续时间为 $t=1/(2T)$,根据公式 $TC=2^n-CC$ 可算定时器初值 time:

$$time=2^{16}-\frac{t}{1\times10^{-6}}=65536-\frac{500000}{f}$$

但实际上,time 值并未占满低八位,所以你可以这样简化计算:高八位设 0xFF,低八位根据 n=8 时计算,即函数 FreqOut(frequency[count])中用的 time = 256 - (500000/Freq)来计算。当低八位计满后,整个寄存器将溢出。

根据图 7-2 所示的描述原理,如果检测结果 irDetectLeft 为 1,即没有发现物体,则距离 leftdistance加 1。循环描述,当5 个频率扫完后,可根据 leftdistance 的值来判断物体离机器人的大致距离。

运行程序时,在机器人前端放一白纸,前后移动白纸,调试终端将会显示白纸所在的区域,如图 7-3 所示。

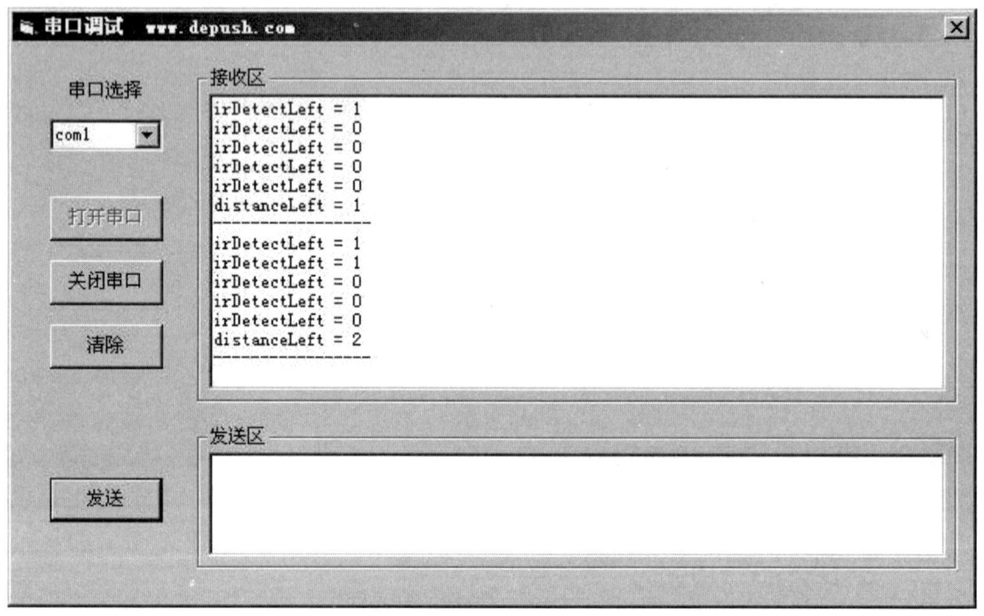

图 7-3　距离探测输出实例

程序通过计算“1”出现的数量,就可以确定目标在哪个区域。

谨记,这种距离测量方法是相对的而非绝对的精确。但它却为机器人跟随,跟踪和其他行为提供了一个足够好的探测距离的能力。操作步骤为:

(1)输入、保存并运行程序 TestLeftFrequencySweep. c。

(2)用一张纸或卡片面对 IR LED/探测器做距离探测。

(3)改变纸片与机器人的距离,记录使 distanceLeft 变化的位置。

7.3.5　该你了——测试右边的 IR LED/探测器

(1)修改程序 TestLeftFrequencySweep. c,对右边的 IR LED 探测器做距离探测测试。

(2)运行该程序,检验这对 IR LED 探测器能否测量同样的距离。

你可参考教材配套光盘对应例程中的注释部分。

7.3.6 例程:DisplayBothDistances. c

(1)修改程序 TestLeftFrequencySweep. c,添加右边 IR LED 探测器部分。

(2)输入、保存并运行程序 DisplayBothDistances. c。

(3)用纸片重复对每个 IR LED 进行距离探测,然后对两个 IR LED 同时进行测试。

7.3.7 该你了——更多的距离测试

尝试测量不同物体的距离,弄清物体的颜色和(或)材质是否会造成距离测量的差异。

7.4 任务三 尾随小车

7.4.1 方法和模型

让一个机器人跟随另一个机器人行走,跟随的机器人也叫尾随车。尾随车要正常工作必须知道距离引导车有多远。如果尾随车落在后面,它必须能察觉并加速。如果尾随车距离引导车太近,它也要能察觉并减速。如果当前距离正好合适,它会等待直到测量距离变远或变近。

距离仅仅是机器人和其他自动化机器需要控制的多种数值之一。当一个机器被设计用来自动维持某一数值,比如距离、压力或液位等,它一般都包含一个控制系统。这些系统有时由传感器和阀门组成,或者由传感器和电机组成。在机器人里面,此系统由传感器和连续旋转电机组成。还必须有某些处理器可以接收传感器的测量结果并把它们转化为机械运动。必须对处理器编程来对传感器的输入做出决定,从而控制机械输出。

闭环控制是一种常用的维持控制目标数据的方法,它很好地帮助机器人保持与一个物体之间的距离。闭环控制算法类型多种多样,最常用的有滞后、比例、积分以及微分控制。所有这些控制方法都将在本套教材的《过程控制》中详细介绍。

图 7-4 所示的方框图描述了机器人用到的比例控制过程的步骤,即机器人用右边的 IR LED 探测器探测距离,并用右边的伺服电机调节机器人之间的位置以维持适当的距离。

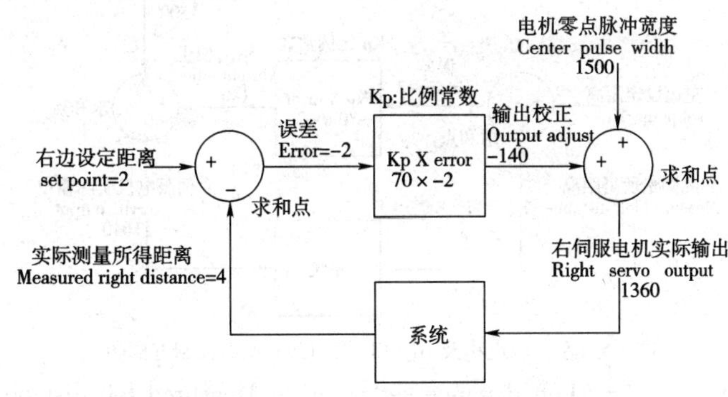

图 7-4 右伺服电机及 IR LED 探测器的比例控制方框图

仔细观察一下图 7-4 中的数字,学习一下比例控制是如何工作的。设定位置为 2,说明你想使机器人维持它和任何它探测到的物体之间的距离是 2。测量的距离为 4,距离太远。误差是设定值减去测量值的差,即 2 - 4 = -2,这在圆圈的左方以符号的形式指出,这个圆圈叫求和点。接着,误差传入一个操作框。这个操作框显示,误差将乘以一个比例常数 Kp。Kp 的值为 70。该操作框的输出显示为 $-2\times70 = -140$,这叫输出校正。这个输出校正结果输入到另一个求和点,这时它与电机的零点脉冲宽度 1500 相加。相加的结果是 1360,这个脉宽可以让电机大约以 3/4 全速顺时针旋转。这让机器人右轮向前、朝着物体的方向旋转。

第二次经过闭环,测量距离可能发生变化,但是没有问题,因为不管测量距离如何变化,这个控制环路将会计算出一个数值,让电机旋转来纠正任何误差。修正值与误差总是成比例关系,该误差就是设定位置和测量位置的关系的偏差。

控制环都由一组方程来主导系统行为。图 7-4 中的方框图是对该组方程的可视化描述方法。下面是从方框图中归纳出来的方程关系及结果:

```
Error              =Right distance set point - Measured right distance
                   =2 - 4
Output adjust      =error* Kp
                   = -2* 70
                   = -140
Right servo output =Output adjust + Center pulse width
                   = - 140 +1500
                   =1360
```

通过一些置换,上面三个等式可被简化为一个,提供你相同的结果:

Right servo output = (Right distance set point − Measured right distance)

Kp + Center pulse width

代入数值,你可以看到结果一致:

$$=((2-4)*70)+1500$$

$$=1360$$

左边的 IR LED 探测器以及左边的伺服电机控制框图如图 7-5 所示。与右边的运算法则类似。不同的是比例系数 Kp 的值由 +70 变为 −70。假设与右边的测量值一样,输出修正的脉冲宽度应该为 1640。下面是该框图的计算等式:

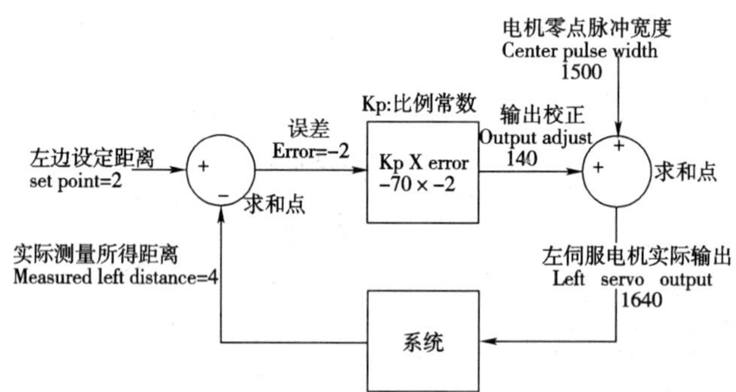

图 7-5 左伺服电机及 IR LED 探测器的比例控制方框图

Left servo output = (Left distance set point − Measured left distance)

Kp + Center pulse width

$$=((2-4)*(-70))+1500$$

$$=1640$$

这个控制环的值让电机大约以 3/4 全速逆时针旋转。这个对机器人的左轮来讲是一个向前旋转的脉宽。反馈的意思是,系统的输出被尾随车重新采样做另一个距离探测。控制环一次又一次的重复运行,每秒约运行 40 次。

7.4.2 对尾随车编程

下面的例子说明如何用 C 语言求解上面的方程。右边距离设置为 2,测量距离由变量 distanceRight存储,Kp 为 70,零点脉冲宽度为 1500:

pulseRight = (2 - distanceRight) * 70 + 1500

左伺服电机的比例系数 Kp 为 -70:

pulseLeft = (2 - distanceLeft) * (-70) + 1500

既然数值 -70, 70, 2 和 1500 全都有命名,干脆对这些常数声明如下:

```
#define Kpl  -70
#define Kpr 70
#define SetPoint 2
#define CenterPulse 1500
```

由于程序中有这些常数声明,你可以用 Kpl 代替 -70,Kpr 代替 70,SetPoint 代替 2,CenterPulse代替 1500。在常量声明之后,比例控制计算式如下:

pulseLeft = (SetPoint - distanceLeft) * Kpl + CenterPulse

pulseRight = (SetPoint - distanceRight) * Kpr + CenterPulse

声明变量很大的便利在于,你只需在程序的开始部分对变量做一次改变。程序的开始部分的修改会反映到所有你用到该常量的地方。例如把#define Kpl -70 中的 -70 改为 -80,那么程序中所有 Kpl 的值都会由 -70 更改为 -80。对于左、右比例控制系统的试验来讲,这是非常有用的。

7.4.3 例程:FollowingRobot. c

该例程实现刚才讨论过的各个伺服脉冲比例控制。换句话说,在每个脉冲发送之前,需要测量距离,决定误差信号,然后将误差值乘以比例系数 Kp,再将结果加上(或减去)发送到左(或右)伺服电机的脉冲宽度值。

(1)输入、保存并运行程序 FollowingRobot. c。

(2)把大小为 A4 的纸片置于机器人的前面,就像障碍物墙。机器人应该维持它和纸片之间的距离为预定的距离。

(3)尝试轻轻旋转一下纸片,机器人应该跟随纸片移动。

(4)尝试用纸片引导机器人四处运动,机器人应该跟随它。

(5)移动纸片距离机器人特别近时,机器人应该后退,远离纸片。

```
#include <BoeBot.h>
#include <uart.h>

#define LeftIR             P1_2         //左边红外接收连接到 P1_2
#define RightIR            P3_5         //右边红外接收连接到 P3_5
#define LeftLaunch         P1_3         //左边红外发射连接到 P1_3
#define RightLaunch        P3_6         //右边红外发射连接到 P3_6
```

```
#define Kpl -70
#define Kpr 70
#define SetPoint 2
#define CenterPulse 1500

unsigned int time;
int leftdistance,rightdistance;//左边和右边的距离
int delayCount,distanceLeft,distanceRight,irDetectLeft,irDetectRight;
unsigned int frequency[5] = {29370,31230,33050,35700,38460};

void timer_init(void)
{
    IE = 0x82;                          //开总中断 EA,允许定时器 0 中断 ET0
    TMOD |= 0X01;                       //定时器 0 工作在模式 1:16 位定时器模式
}

void FreqOut(unsigned int Freq)
{
    time = 256 - (50000/Freq);
    TH0 = 0XFF ;
    TL0 = time ;
    TR0 = 1;
    delay_nus(800);
    TR0 = 0;
}

void Timer0_Interrupt(void)interrupt 1
{
    LeftLaunch = ~LeftLaunch;
    RightLaunch = ~ RightLaunch;
    TH0 = 0XFF;
    TL0 = time;
}

void Get_lr_Distances()
{
    unsigned char count;
    leftdistance = 0;                   //初始化左边的距离
    rightdistance = 0;                  //初始化右边的距离
    for(count = 0;count <5;count ++)
```

```
    {
        FreqOut(frequency[count]);
        irDetectRight = RightIR;
        irDetectLeft = LeftIR;
        if (irDetectLeft == 1)
          leftdistance++;
        if (irDetectRight == 1)
          rightdistance++;
    }
}

void Send_Pulse(unsigned int pulseLeft,unsigned int pulseRight)
{
    P1_1 =1;
    delay_nus(pulseLeft);
    P1_1 =0;

    P1_0 =1;
    delay_nus(pulseRight);
    P1_0 =0;

    delay_nms(18);
}

int main(void)
{
    unsigned int pulseLeft,pulseRight;
    uart_Init();
    timer_init();
    while(1)
    {
        Get_lr_Distances();
        pulseLeft = (SetPoint - leftdistance)* Kpl + CenterPulse;
        pulseRight = (SetPoint - rightdistance)* Kpr + CenterPulse;
        Send_Pulse(pulseLeft,pulseRight);
    }
}
```

7.4.4 FollowingRobot.c 是如何工作的?

主程序做的第一件事是调用 Get_lr_Distances 子函数。Get_lr_Distances 函数运行完成之后,变量 leftdistance 和 rightdistance 分别包含一个与区域相对应的数值,该区域里的目标被左、右红外线探测器探测到。

随后两行代码对每个电机执行比例控制计算:

pulseLeft =(SetPoint - leftdistance) * Kpl + CenterPulse

pulseRight =(SetPoint - rightdistance) * Kpr + CenterPulse

最后调用子函数 Send_Pulse 对电机的速度进行调节。

因为你要做的实验是尾随,串口线的连接影响了机器人的运动,故可去掉。

7.4.5 该你了

图 7-6 所示是引导车和尾随车。引导车运行的程序是 FastIrRoaming. c 修改后的版本,尾随车运行的程序是 FollowingRobot. c。比例控制让尾随车成为忠实的追随者。一个引导车可以引导一串大概 6、7 个尾随车。只需要把导引车的侧面板和后挡板摘掉。

(1)如果你是车队成员之一,把纸板安装在导引小车的两侧和尾部,参考图 7-6。

(2)如果你不属于车队成员的一部分,即只是单独尾随车(只有一个机器人),可以让尾随车跟随一张纸或你的手来运动,就和跟随导引车一样。

(3)用阻值为 1kΩ 或 2kΩ 的电阻替换掉连接机器人红外线发光二极管的 470Ω 电阻。

图 7-6 导引机器人(左)和尾随机器人(右)

(4)使用程序 FastIrRoaming. c 修改后的版本对机器人编程来做避障试验。打开程序 FastIrRoaming. c 重命名为 SlowerIrRoamingForLead-Robot. c。

(5)对程序 SlowerIrRoamingForLeadRobot. c 做以下修改:

①把 1300 增加为 1420。

②把 1700 减少为 1580。

(6)尾随车运行程序 FollowingRobot. c,不用做任何修改。

(7)机器人按自己的程序运行。尾随车放在引导车的后面。尾随车应该跟随一个固定的距离,只要它不被其他的诸如手或附近墙壁等引开。

你可以通过调整 SetPoint 和比例常数来改变尾随车的行为。用手或一张纸片来引导尾随车。请做下面的练习:

(1)尝试用 30 ~ 100 范围内的常量 Kpr 和 Kpl 来运行程序 FollowingRobot. c,注意机器人在跟随目标运动时的响应有何差异。

(2)尝试调节常量 SetPoint 的值,范围从 0 ~ 4。

本章小结

(1)51 单片机串口的概念和使用。

(2)波特率的简介及计算。

(3)单片机存储器结构。

(4)串口的工作流程。

习　　题

1. 查找相关资料,学习串口控制寄存器 SCON 及特殊寄存器 PCON 的功能及用法。

2. 芯片 MAX232 也具有 RS232 与 TTL 电平转换功能,查阅相关资料,掌握它的用法。

3. 在头文件 STDIO. H 中包含了我们常用的许多函数,了解这些函数的用法。

第 8 章　LCD 应用编程及与机器人的集成技术

LCD(Liquid Crystal Display)的应用很广泛,简单如手表上的液晶显示屏,仪表仪器上的液晶显示器或者笔记本电脑上的液晶显示器,都用 LCD。在普通的办公设备上也很常见,如传真机、复印件以及一些娱乐器材、玩具等也常常见到 LCD 的踪影。本章应用 LCD 作为机器人状态显示窗口,使机器人在运行过程中能够向你显示信息。

8.1　LCD 显示器的介绍

本章使用的 LCD 为字符型点阵式 LCD 模块(Liquid Crystal Display Module),简称 LCM,或者是字符型 LCD。

字符型液晶显示模块是一种专门用于显示字母、数字、符号等的点阵式液晶显示模块。每一个显示的字符(或字母、数字等)是由 5 ×7 或 5 × 11 点阵组成。点阵字符位之间有一空点距的间隔,起到字符间距和行距的作用。

本章所使用的 LCD 显示器可显示两行,每行由 16 个点阵字符组成,能显示所有 ASCII 字符,如图 8-1 所示。每个字符由 5 ×7 点阵组成。

图 8-1　1602 LCD 实物图

8.2　任务一　认识 LCD 显示器

8.2.1　LCD 显示器连接

LCD1602 有八个数据引脚(D0 ~ D7)与 AT89S52 相连,用于接收指令和数据;AT89S52 通过 RS、RW 和 E 这三个端口控制 LCD 模块。表 8-1 为 LCD 的引脚说明。图 8-2 为 LCD 引脚与 AT89S52 连接示意图。

V_0:直接接地,对比度最高。

RS:MCU 写入数据或者指令选择端。MCU 要写入指令时,使 RS 为低电平;MCU 要写入数据时,使 RS 为高电平。

R/W:读写控制端。R/W 为高电平时,读取数据;R/W 为低电平时,写入数据。

LCD 显示器引脚说明 表 8-1

编　号	符　号	引脚说明	编　号	符　号	引脚说明
1	GND	电源地	9	D2	双向数据口
2	Vcc	电源正极	10	D3	双向数据口
3	V_0	对比度调节	11	D4	双向数据口
4	RS	数据/命令选择	12	D5	双向数据口
5	R/W	读/写选择	13	D6	双向数据口
6	E	模块使能端	14	D7	双向数据口
7	D0	双向数据口	15	BLA	背光源正极
8	D1	双向数据口	16	BLK	背光源地

E:LCD 模块使能信号控制端。写数据时,需要下降沿触发模块。

D0 ~ D7:8 位数据总线,三态双向。该模块也可以只使用 4 位数据线 D4 ~ D7 接口传送数据。

BLA:需要背光时,BLA 串接一个限流电阻接 Vcc,BLK 接地。

BLK:背光源地端。

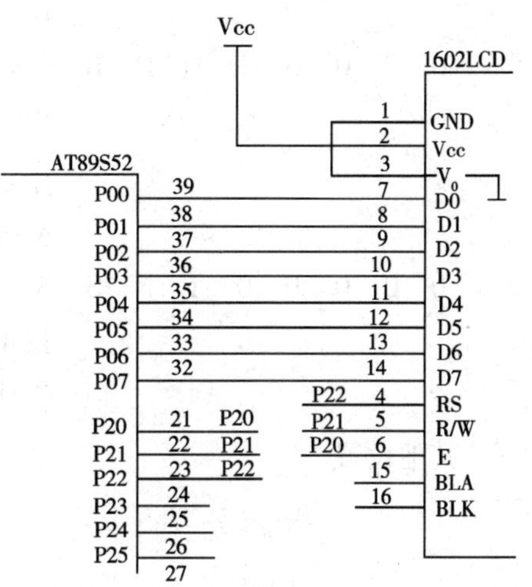

图 8-2　LCD 模块与 MCU 连接图

8.2.2　LCD 控制器接口说明

8.2.2.1　基本操作时序

在 LCD 时序图中,在将 E 置高电平前,先设置好 RS 和 R/W 信号,在 E 下降沿到来之前,准备好写入的命令字或数据。只需在适当的地方加上延时,就可以满足要求了。

读状态　　输入:RS = L,RW = H,E = H
　　　　　输出:DB0 ~ DB7 = 状态字

写指令　　输入:RS = L,RW = L,E = 下降沿脉冲,DB0 ~ DB7 = 指令码
　　　　　输出:无

读数据　　输入:RS = H,RW = H,E = H
　　　　　输出:DB0 ~ DB7 = 数据

写数据　　输入:RS = H,RW = L,E = 下降沿脉冲,DB0 ~ DB7 = 数据
　　　　　输出:无

8.2.2.2　状态字说明

STA7	STA6	STA5	STA4	STA3	STA2	STA1	STA0
D7	D6	D5	D4	D3	D2	D1	D0

其中:

STA0 − 6　　　当前数据地址指针的数值。

STA7　　　　读写操作使能。1:禁止 0:允许

注:对控制器每次进行读写操作之前,都必须进行读写检测,确保 STA7 为 0。

8.2.2.3 指令说明

显示模式设置

指令码	功能
0 0 1 1 1 0 0 0	设置 16×2 显示,5×7 点阵,8 位数据接口
0 0 1 0 1 0 0 0	设置 16×2 显示,5×7 点阵,4 位数据接口

显示开/关及光标设置

指令码	功能
0 0 0 0 1 D C B	D=1 开显示;D=0 关显示 C=1 显示光标;C=0 不显示光标 B=1 光标闪烁;B=0 光标不闪烁
0 0 0 0 0 1 N S	N=1 当读或写一个字符后地址指针加一,且光标加一 N=0 当读或写一个字符后地址指针减一,且光标减一 S=1 当写一个字符,整屏显示左移(N=1)或右移(N=0),以得到光标不移动而屏幕移动的效果 S=0 当写一个字符,整屏显示不移动

其他设置

指令码	功能
01H	显示清屏:1.数据指针清零;2.所有显示清零
02H	显示回车:1.数据指针清零

8.2.3 初始化过程(复位过程)

- 延时 15ms
- 写指令 38H(不检测忙信号)(或 28H,表示 4 位数据接口,下同)
- 延时 15ms
- 写指令 38H(不检测忙信号)
- 延时 15ms
- 写指令 38H(不检测忙信号)

(以后每次写指令、读/写数据操作之前均需检测忙信号)

- 写指令 38H:显示模式设置
- 写指令 08H:显示关闭
- 写指令 01H:显示清屏
- 写指令 06H:显示光标移动设置
- 写指令 0cH:打开液晶屏显示,不显示光标

数据指针(地址)设置

LCD 控制器内部带有 80×8 位(80B)的 RAM 缓冲区,对应关系如图 8-3 所示。

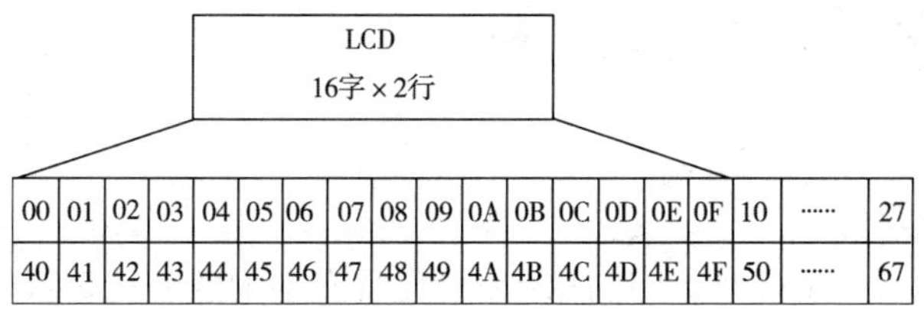

图 8-3　LCD 内部 RAM 地址映射图

数据地址设置指令码:80H+地址码(0~27H,40~67)。

8.3　任务二　编写 LCD 模块驱动程序

在本任务中,你将通过编写程序来驱动 LCD 显示器,并显示你的机器人所要显示的字符或字符串。

8.3.1　元件清单

(1)1602LCD 显示器。

(2)跳线。

8.3.2　线路连接

传统的连线是图 8-2 介绍的八位数据线接法。本教材采用的是四位数据线传输方式来进行 LCD 显示。为什么只用四线传输?因为这样可以节省接口的使用。

由于 LCD 的指令和数据都是八位的,因此在传输时要传输两次才能完成一次操作。电路的连接如图 8-4 所示。

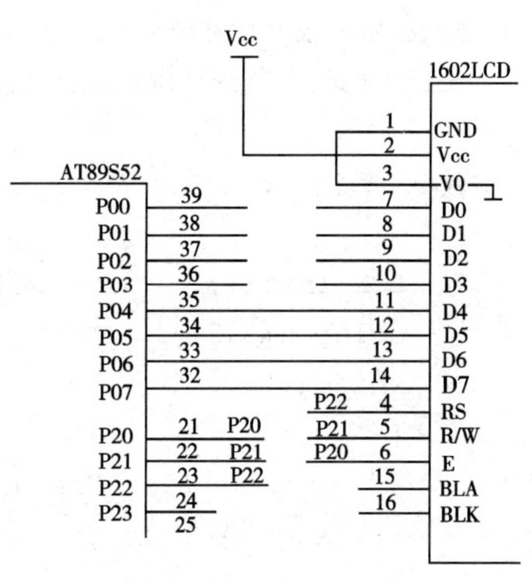

图 8-4　四口数据线连接 LCD

8.3.3　例程:LCDdisplay.c

(1)接通主板电源。

(2)输入、保存并运行 LCDdisplay.c。

(3)连接 LCD 显示器模块,验证显示器是否显示字符串。

```
/* =====================================
                1602 液晶显示的实验例子
  -------------------------------
  |DB4-----P0.4 |RW--------P2.1
  |DB5-----P0.5 |RS--------P2.2
  |DB6-----P0.6 |E --------P2.0
  |DB7-----P0.7 |
  -------------------------------
======================================*/
  #include <at89x52.h>
```

```
#include <BoeBot.h>
#define LCM_RW     P2_1 //定义引脚
#define LCM_RS          P2_2
#define LCM_E           P2_0
#define LCM_Data   P0
#define Busy       0x80 //用于检测 LCM 状态字中的 Busy 标识
/* ---------------------------
          子函数声明
---------------------------*/
void Write_Data_LCM(unsigned char WDLCM);
void Write_Command_LCM(unsigned char WCLCM,BuysC);
void Read_Status_LCM(void);
void LCM_Init(void);
void Set_xy_LCM(unsigned char x, unsigned char y);
void Display_List_Char(unsigned char x, unsigned char y, unsigned char * s);

void main(void)
{
    LCM_Init();             //LCM 初始化
    delay_nms(5);           //延时片刻(可不要)
    while(1)
    {
        Display_List_Char(0, 0, "www.depush.com");
        Display_List_Char(1, 0, "Robot-AT89S52");
    }
}
/* ===========================
    函数名:Read_Status_LCM()
    功  能:忙检测函数
============================*/
void Read_Status_LCM(void)
{
    unsigned char read=0;

    LCM_RW = 1;
    LCM_RS = 0;
    LCM_E = 1;
    LCM_Data = 0xff;
    do
        read = LCM_Data;
```

```
    while(read & Busy);

    LCM_E = 0;
}
/* ------------------------
    函数名:Write_Data_LCM ( )
    功  能:对 LCD 1602 写数据
------------------------*/
void Write_Data_LCM(unsigned char WDLCM)
{
    Read_Status_LCM();              //检测忙

    LCM_RS = 1;
    LCM_RW = 0;

    LCM_Data &= 0x0f;
    LCM_Data |= WDLCM&0xf0;
    LCM_E = 1;                      //若晶振速度太高可以在这后加小的延时
    LCM_E = 1;                      //延时
    LCM_E = 0;

    WDLCM = WDLCM<<4;
    LCM_Data &= 0x0f;
    LCM_Data |= WDLCM&0xf0;
    LCM_E = 1;
    LCM_E = 1;                      //延时
    LCM_E = 0;
}
/* ------------------------
    函数名:Write_Command_LCM ( )
    功  能:对 LCD 1602 写指令
------------------------*/
void Write_Command_LCM(unsigned char WCLCM,BuysC)//BuysC 为 0 时忽略忙检测
{
    if (BuysC)
        Read_Status_LCM();                  //根据需要检测忙

    LCM_RS = 0;
    LCM_RW = 0;
```

```
    LCM_Data &= 0x0f;
    LCM_Data |= WCLCM&0xf0;          //传输高四位
    LCM_E = 1;
    LCM_E = 1;
    LCM_E = 0;

    WCLCM = WCLCM<<4;                //传输低四位
    LCM_Data &= 0x0f;
    LCM_Data |= WCLCM&0xf0;
    LCM_E = 1;
    LCM_E = 1;
    LCM_E = 0;
}
/*------------------------
    函数名:LCM_Init()
    功  能:对 LCD 1602 初始化
-------------------------*/
void LCM_Init(void)//LCM 初始化
{
    LCM_Data = 0;
    Write_Command_LCM(0x28,0);      //三次显示模式设置,不检测忙信号
    delay_nms(15);
    Write_Command_LCM(0x28,0);
    delay_nms(15);
    Write_Command_LCM(0x28,0);
    delay_nms(15);
    Write_Command_LCM(0x28,1);      //显示模式设置,开始要求每次检测忙信号
    Write_Command_LCM(0x08,1);      //关闭显示
    Write_Command_LCM(0x01,1);      //显示清屏
    Write_Command_LCM(0x06,1);      //显示光标移动设置
    Write_Command_LCM(0x0C,1);      //显示开及光标设置
}
/*------------------------
    函数名:Set_xy_LCM()
    功  能:设定显示坐标位置
------------------------*/
void Set_xy_LCM(unsigned char x, unsigned char y)
{
    unsigned char address;
    if( x == 0 )
```

```
        address = 0x80 + y;
    else
        address = 0xc0 + y;
    Write_Command_LCM(address,1);
}
/* - - - - - - - - - - - - - - - - - - - - - -
    函数名:Display_List_Char()
    功  能:按指定位置显示一串字符
- - - - - - - - - - - - - - - - - - - - - - - -*/
void Display_List_Char(unsigned char x, unsigned char y, unsigned char * s)
{
    Set_xy_LCM(x,y);
    while(* s)
    {
        LCM_Data = * s;
        Write_Data_LCM(* s);
        s ++;
    }
}
```

8.3.4 LCDdiaplay.c 是如何工作的?

整个工作分为两步:先对 LCD 进行初始化,然后再显示。

研究初始化函数 void LCM_Init(void),你会发现,该函数完全与任务一 LCD 的初始化要求一致。

初始化工作完成之后,主函数调用 Display_List_Char(unsigned char x, unsigned char y, unsigned char * s)来显示字符串。

在显示字符串之前,需用 Set_xy_LCM()确定光标的位置,根据数据地址设置指令要求,若在第一行显示,则写指令 0x80 + y;若在第二行显示,则写指令 0x80 + 0x40 + y,即 0xc0 + y。

下面将向大家介绍一种新的 C 语言数据类型。

8.3.5 指针

指针是 C 语言中广泛使用的一种数据类型。运用指针编程是 C 语言最主要的风格之一。利用指针变量可以表示各种数据结构;能很方便地使用数组和字符串;并能像汇编语言一样处理内存地址,从而编出精练而高效的程序。指针极大地丰富了 C 语言的功能。学习指针是学习 C 语言中最重要的一环,能否正确理解和使用指针是你是否掌握 C 语言的一个标志。同时,指针也是 C 语言中最为困难的一部分,在学习中除了要正确理解基本概念,还必须要多编程,多上机调试。只要做到这些,指针也是不难掌握的。

在计算机中,所有的数据都是存放在存储器中的。一般把存储器中的一个字节称为一个内存单元,不同的数据类型所占用的内存单元数不等,如整型量占 2 个单元,字符量占 1 个单元。为了正确地访问这些内存单元,必须为每个内存单元编上号。根据一个内存单元的编号即可准确地找到该内存单元。内存单元的编号也叫做地址。既然根据内存单元的编号或地址就可以找到所需的内存单元,所以通常也把这个地址称为指针。

内存单元的指针和内存单元的内容是两个不同的概念。可以用一个通俗的例子来说明它们之间的关系。你到银行去存取款时,银行工作人员将根据你的账号去找你的存款单,找到之后在存单上写入存款、取款的金额。在这里,账号就是存单的指针,存款数是存单的内容。对于一个内存单元来说,单元的地址即为指针,其中存放的数据才是该单元的内容。在C语言中,允许用一个变量来存放指针,这种变量称为指针变量。因此,一个指针变量的值就是某个内存单元的地址或称为某内存单元的指针。

对指针变量的定义包括三个内容:

(1)指针类型说明,即定义变量为一个指针变量。

(2)指针变量名。

(3)变量值(指针)所指向的变量的数据类型。

其一般形式为:

类型说明符 *变量名;

其中,*表示这是一个指针变量,变量名即为定义的指针变量名,类型说明符表示本指针变量所指向的变量的数据类型。

字符串的指针和指向字符串的指针变量

在C语言中,可以用两种方法访问一个字符串:

(1)用字符数组存放一个字符串,然后输出该字符串。如:

```
main ( )
{
    char string[ ] ="I love Robot!";
    printf("% s\n",string);
}
```

(2)用字符串指针指向一个字符串。如:

```
main( )
{
    char  * string ="I love Robot!";
    printf("% s\n",string);
}
```

这里,string是一个指向字符串的指针变量。程序并没有把整个字符串存入string,而是把字符串的首地址赋予string。

函数Display_List_Char(0, 0, "www. depush. com");先给字符串定位(0,0);之后将字符串"www. depush. com"首地址附给指针s,并显示,随后加1 ,指向下一个字符,直到显示全部字符。

8.4 任务三 用LCD显示机器人运动状态

例程LCDdiaplay. c仅仅是静态的LCD显示,在实际工程应用中没有意义,它应与具体的应用,比如机器人的运动结合起来。在介绍本任务例程之前,先讲解一下C语言的高级功能。

8.4.1 C 语言的编译预处理

在 C 编译系统,即 Keil 对程序编译之前,先要对某些程序(这些程序可以是 C 语言提供的标准库函数,也可以是你已经开发好的某些程序)进行预处理,然后再将预处理的结果和源程序一起再进行正常的编译处理得到目标代码。通常的预处理命令都用“#”开关,具体预处理命令包括:

8.4.1.1 宏定义

即#define 指令,具有如下形式:

#define　名字　替换文本

它是一种最简单的宏替换。出现在各处的“名字”都会将“替换文本”替换。#define 指令所定义的名字的作用域从其定义点开始,到被编译的源文件结束。

这个指令如下:

```
#define    LeftIR    P1_2
#define    Kpl       -70
```

8.4.1.2 文件包含

即#include 指令。

在源程序文件中,任何形如:**#include ″文件名″**,或**#include <文件名>**的行都被替换成由文件名所指定的文件的内容。如果文件名由引号(″ ″)括起来,那么就在源程序所在位置查找该文件;如果在这个位置没有找到该文件,或如果文件名由尖括号(< >)括起来,那么就在系统文件下查找。

这个指令在本教材开始就用了,如 #include <uart.h>。

所谓文件包含就是指一个源文件可以将另一个源文件的全部内容包含进来。但要注意的是,对文件包含并不是把两个文件连接起来,而是编译时作为一个源程序编译,得到一个目标文件,比如 HEX 文件。

被包含的文件常在文件的头部,所以被称为“头文件”,可以以“.h”为后缀,也可以以“.c”为后缀。

对于比较大的程序,用#include 指令把各个文件放在一起是一种优化程序的方法,之前的例程就是这样做的。现在,将 LCD 显示部分作为头文件 LCD.h 保存,内容如下:

```
#define LCM_RW        P2_1
#define LCM_RS        P2_2
#define LCM_E         P2_0
#define LCM_Data      P0
#define Busy          0x80 //用于检测 LCM 状态字中的 Busy 标识

void Read_Status_LCM(void)
{
    unsigned char read=0;

    LCM_RW = 1;
```

```
    LCM_RS  = 0;
    LCM_E  = 1;
    LCM_Data  = 0xff;
    do
        read  = LCM_Data;
    while(read & Busy);

    LCM_E  = 0;
}
void Write_Data_LCM(unsigned char WDLCM)
{
    Read_Status_LCM();      //检测忙

    LCM_RS  = 1;
    LCM_RW  = 0;

    LCM_Data &= 0x0f;
    LCM_Data |= WDLCM&0xf0;
    LCM_E  = 1;             //若晶振速度太高可以在这之后加小的延时
    LCM_E  = 1;             //延时
    LCM_E  = 0;

    WDLCM  = WDLCM<<4;
    LCM_Data &= 0x0f;
    LCM_Data |= WDLCM&0xf0;
    LCM_E  = 1;
    LCM_E  = 1;             //延时
    LCM_E  = 0;
}

void Write_Command_LCM(unsigned char WCLCM,BuysC)//BuysC 为 0 时忽略忙检测
{
    if (BuysC)
        Read_Status_LCM(); //根据需要检测忙

    LCM_RS  = 0;
    LCM_RW  = 0;

    LCM_Data &= 0x0f;
    LCM_Data |= WCLCM&0xf0;//传输高四位
```

```
    LCM_E = 1;
    LCM_E = 1;
    LCM_E = 0;

    WCLCM = WCLCM < <4;          //传输低四位
    LCM_Data & = 0x0f;
    LCM_Data |= WCLCM&0xf0;
    LCM_E = 1;
    LCM_E = 1;
    LCM_E = 0;
}

void LCM_Init(void)//LCM初始化
{
    LCM_Data = 0;
    Write_Command_LCM(0x28,0); //三次显示模式设置,不检测忙信号
    delay_nms(5);
    Write_Command_LCM(0x28,0);
    delay_nms(5));
    Write_Command_LCM(0x28,0);
    delay_nms(5);
    Write_Command_LCM(0x28,1); //显示模式设置,开始要求每次检测忙信号
    Write_Command_LCM(0x08,1); //关闭显示
    Write_Command_LCM(0x01,1); //显示清屏
    Write_Command_LCM(0x06,1); //显示光标移动设置
    Write_Command_LCM(0x0C,1); //打开液晶显示,隐藏光标
}

void Set_xy_LCM(unsigned char x, unsigned char y)
{
    unsigned char address;
    if( x = = 0 )
        address = 0x80 +y;
    else
        address = 0xc0 +y;
    Write_Command_LCM(address,1);
}

void Display_List_Char(unsigned char x, unsigned char y, unsigned char * s)
{
```

```
    Set_xy_LCM(x,y);
    while(* s)
    {
        LCM_Data = * s;
        Write_Data_LCM(* s);
        s + +;
    }
}
```

下面的例程以第 3 章的例程 NavigationWithSwitch. c 为模版，添加 LCD 显示部分。删除串口显示部分。

8.4.2 例程:MoveWithLCDDisplay. c

```
#include <at89x52.h>
#include <BoeBot.h>
#include <LCD.h>

void Forward(void)
{
    int i;
    for(i =1;i < =65;i + +)
    {
        P1_1 =1;
        delay_nus(1700);
        P1_1 =0;
        P1_0 =1;
        delay_nus(1300);
        P1_0 =0;
        delay_nms(20);
    }
}
void Left_Turn(void)
{
    int i;
    for(i =1;i < =26;i + +)
    {
        P1_1 =1;
        delay_nus(1300);
        P1_1 =0;
        P1_0 =1;
        delay_nus(1300);
```

```
        P1_0 =0;
        delay_nms(20);
    }
}
void Right_Turn(void)
{
    int i;
    for(i =1;i < =26;i + +)
    {
        P1_1 =1;
        delay_nus(1700);
        P1_1 =0;
        P1_0 =1;
        delay_nus(1700);
        P1_0 =0;
        delay_nms(20);
    }
}
void Backward(void)
{
    int i;
    for(i =1;i < =65;i + +)
    {
        P1_1 =1;
        delay_nus(1300);
        P1_1 =0;
        P1_0 =1;
        delay_nus(1700);
        P1_0 =0;
        delay_nms(20);
    }
}
int main(void)
{
    char Navigation[10] = {'F','L','F','F','R','B','L','B','B','Q'};
    int address =0;

    while(Navigation[address]! ='Q')
    {
        LCM_Init();
```

```
        switch(Navigation[address])
        {
            case 'F':Forward();
                        Display_List_Char(0,0,"case:F");
                        Display_List_Char(1,0,"Forward");
                        delay_nms(500);
                        break;
            case 'L':Left_Turn();
                        Display_List_Char(0,0,"case:L");
                        Display_List_Char(1,0,"Turn Left");
                        delay_nms(500);
                        break;
            case 'R':Right_Turn();
                        Display_List_Char(0,0,"case:R");
                        Display_List_Char(1,0,"Turn Right");
                        delay_nms(500);
                        break;
            case 'B':Backward();
                        Display_List_Char(0,0,"case:B");
                        Display_List_Char(1,0,"Backward");
                        delay_nms(500);
                        break;
        }
        address + +;
    }
    while(1);
}
```

8.4.3 MoveWithLCDDisplay.c 是如何工作的?

在理解第 3 章例程 NavigationWithSwitch.c 的基础上,该例程就不难理解。switch 处理每个 case 之后,调用 Display_List_Char( )函数在 LCD 的两行上显示了相关信息,之后做了 0.5s 的延时,为什么?因为如果不加延时,LCD 显示时间过短,实验效果不明显。

程序执行过程中 LCD 的部分显示可见图 8-5 和图 8-6 所示。

8.4.4 该你了

(1)将主函数 main 之前的四个行走子函数做成头文件的形式加入程序,优化程序。

(2)思考为什么不将 LCD 初始化函数 LCM_Init( )放在 while 循环体外。

图 8-5　前进时 LCD 显示

图 8-6　右拐时 LCD 显示

本 章 小 结

(1)LCD 作为终端显示与单片机编程实现。

(2)指针的使用。

(3)C 语言编译预处理功能。

(4)头文件的制作。

习　　题

1. 在介绍 LCD 数据总线时,说它是“三态双向”,第三态是什么?

2. 指针作为 C 语言重要的一种数据类型,还有许多用法,请查找相关资料,对指针用法进行归纳总结。

附录 A　计算机常用数制及数制的转换和编码

计算机中常用几种不同的进位数制，包括二(八、十六)进制和十进制。二进制数据更容易用逻辑线路处理，更接近计算机硬件能直接识别和处理的电子化信息的使用要求，而使用计算机的人更容易接受十进制的数据类型。二者之间的进制转换是经常遇到的问题，应熟练掌握。

1. 二(八、十六)进制　十进制数据转换

十进制到二进制的转换，通常要区分数的整数部分和小数部分，并分别按除 2 取余数部分和乘 2 取整数部分两种不同的方法来完成。

(1)对整数部分，要用除 2 取余数办法完成十→二进制转换，其规则是：

①用 2 除十进制数的整数部分，取其余数为转换后的二进制数整数部分的低位数字；

②再用 2 去除所得的商，取其余数为转换后的二进制数高一位的数字；

③重复执行第②步的操作，直到商为 0，结束转换过程。

例如，将 10 进制的 37 转换成二进制整数的过程如下：

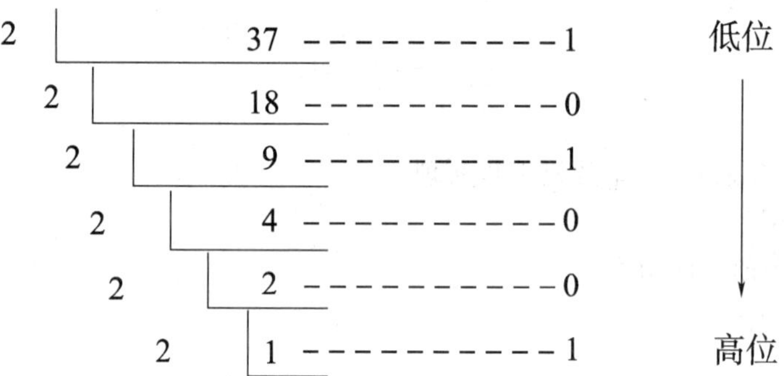

余数部分，即转换后的结果，为$(100101)_2$。

(2)对小数部分，要用乘 2 取整数办法完成十→二进制转换，其规则是：

①用 2 乘十进制数的小数部分，取乘积的整数为转换后的二进制数的最高位数字；

②再用 2 乘上一步乘积的小数部分，取新乘积的整数为转换后二进制小数低一位数字；

③重复第②步操作，直至乘积部分为 0，或已得到的小数位数满足要求，结束转换过程。

例如，将十进制的 0.43，转换成二进制小数的过程如下(假设要求小数点后取 5 位)：

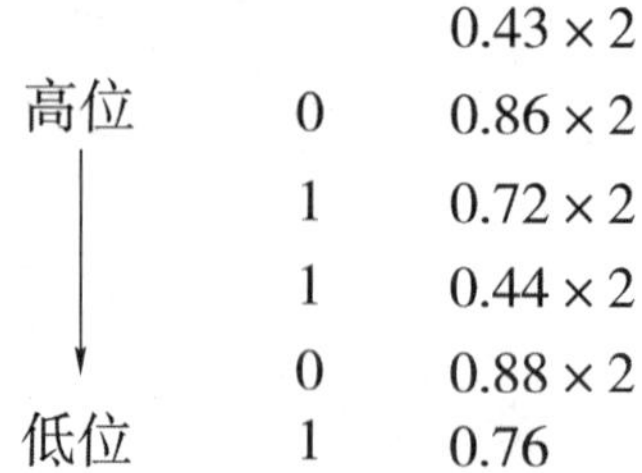

整数部分,即转换后的二进制小数为$(0.01101)_2$。

对小数进行转换的过程中,转换后的二进制已达到要求位数,而最后一次的乘积的小数部分不为0,会使转换结果存在误差,其误差值小于求得的最低一位的位权。

对既有整数部分又有小数部分的十进制数,可以先转换其整数部分为二进制数的整数部分,再转换其小数部分为二进制的小数部分,通过把得到的两部分结果合并起来得到转换后的最终结果。例如,$(37.43)_{10} = (100101.01101)_2$。

在实现手工转换时,如果对二进制数已经比较熟悉,基本上记住了以2为底的指数值,即二进制数每一位上的权,对十进制数进行转换时,也可以不采用上述规则,基本上可以直接写出来。例如:

$(45.625)_{10} = 32 + 8 + 4 + 1 + 0.5 + 0.125 = (10\quad 1\quad 1\quad 01.\quad 10\quad 1)_2$,即$(101101.101)_2$。

$(1105)_{10} = 1024 + 81 = 1024 + 64 + 16 + 1 = (1000\quad 10\quad 10001)_2$,即$(10001010001)_2$。

参照上述方法,也可以实现十→八进制,十→十六进制的转换过程。例如:

```
8 | 1109 - - - - - - -5
  ------------
   8 | 138 - - - - - - -2
     ------------
      8 | 17 - - - - - - -1
        ------------
         8 | 2 - - - - - - -1
           ------------
```

结果:$(1109)_{10} = (2125)_8$

```
     0.385   ×8
3    0.08    ×8
0    0.64    ×8
5    0.12
```

结果:$(0.385)_{10} = (0.305)_8$

完成 十→十六进制数的转换方法与前述方法类似,只是乘除16时,手工运算不大方便。

2. 二进制数的运算规则

二进制数之间可以执行算术运算和逻辑运算,其规则简单,容易实现。

(1)加法运算规则

```
0 + 0 = 0             例如:      1 1 0 1
0 + 1 = 1                     +) 1 0 0 1
1 + 0 = 1                     ------------
1 + 1 = 0 (产生进位)            1 0 1 1 0
```

(2)减法运算规则

```
0 - 0 = 0             例如:      1 1 0 1
0 - 1 = 1 (产生借位)           -) 0 1 1 1
1 - 0 = 1                     ------------
1 - 1 = 0                        0 1 1 0
```

(3)乘法运算规则

$$0 \times 0 = 0 \quad 0 \times 1 = 0 \quad 1 \times 0 = 0 \quad 1 \times 1 = 1$$

例如：

```
      1101
    × 1001
    ------
      1101
     0000
    0000
   1101
   -------
   1110101
```

(4)除法运算规则

二进制数除法的计算方法，与十进制数除法类似，也由减法、上商等操作分步完成。

例如：

```
          1101
     _________
1001 ) 1110101
       1001
       ----
        1011
        1001
        ----
          1001
          1001
          ----
             0
```

逻辑运算是在对应的两个二进制位之间进行的，与相邻的高低位的值均无关，即不存在进位、借位等问题。

(5)逻辑或运算规则(运算符为 V)

0V0 =0

0V1 =1

1V0 =1

1V1 =1

例如：

```
   1100
 V 1010
 ------
   1110
```

(6)逻辑与运算规则(运算符为 Λ)

0Λ0 =0

0Λ1 =0

1Λ0 =0

1Λ1 =1

例如：

```
   1100
 Λ 1010
 ------
   1000
```

(7)逻辑非运算规则(运算符为¬)

¬0 =1

¬1 =0

逻辑非实现对单个逻辑值的处理，而不是对两个逻辑值的运算，逻辑非又被称为逻辑取反操作。对逻辑数 1011 逐位进行取反，其结果为 0100。

(8)逻辑异或运算规则(运算符为⊕)

$$0 \oplus 0 = 0 \quad 0 \oplus 1 = 1 \quad 1 \oplus 0 = 1 \quad 1 \oplus 1 = 0$$

例如：

$$\begin{array}{r} 1100 \\ \oplus 1010 \\ \hline 0110 \end{array}$$

与、或、非操作是三种最基本的逻辑操作，用它们可以组合出任何逻辑运算功能。某些情况下，还要用到逻辑异或操作。逻辑异或实现的是按位加功能，只有参与异或操作的两个逻辑值不同时（一个为0，另一个为1），结果才为1。和或操作结果的差异表现在：或操作中 $1 \vee 1 = 1$，而异或操作则是 $1 \oplus 1 = 0$。

3. 八位二进制数的编码方法

通常，把数值在计算机中的二进制表示形式称为机器数，而把原来的数称为机器数的真值。机器数可分为无符号数和带符号数两种。无符号数是指计算机字长的所有二进制位均表示数值；带符号数是指机器数分为符号和数值部分，且均用二进制代码表示。

1）原码表示法

原码表示法是机器数的一种简单的表示法，用来表示带符号的数。其符号位用0表示正号，用1表示负号，数值一般用二进制形式表示。设有一数为X，则原码表示可记作$[X]_{原}$。

原码表示数的范围与二进制位数有关。当用8位二进制来表示整数原码时，其表示范围：

最大值为01111111，其真值为$(127)_{10}$，最小值为11111111，其真值为$(-127)_{10}$。

在原码表示法中，对0有两种表示形式：

$$[+0]_{原} = 00000000, [-0]_{原} = 10000000$$

2）反码表示法

机器数的反码可由原码得到。如果机器数是正数，则该机器数的反码与原码一样；如果机器数是负数，则该机器数的反码是对它的原码（符号位除外）各位取反而得到的。设有一数X，则X的反码表示记作$[X]_{反}$。

反码通常作为求补过程的中间形式，即在一个负数的反码的末位上加1，就得到了该负数的补码。

反码表示数的范围与二进制位数有关。当用8位二进制来表示整数反码时，其表示范围：

最大值为01111111，其真值为$(127)_{10}$，最小值为11111111，其真值为$(-127)_{10}$。

在反码表示法中，对0有两种表示形式：

$$[+0]_{反} = 00000000, [-0]_{反} = 11111111$$

3）补码表示法

（1）模的概念：把一个计量单位称之为模或模数。例如，时钟是以12进制进行计数循环的，即以12为模。在时钟上，时针加上（正拨）12的整数位或减去（反拨）12的整数位，时针的位置不变。14点钟在舍去模12后，成为（下午）2点钟（$14 = 14 - 12 = 2$）。从0点出发逆时针拨10格即减去10小时，也可看成从0点出发顺时针拨2格（加上2小时），即2点（$0 - 10 = -10 = -10 + 12 = 2$）。因此，在模12的前提下，$-10$可映射为$+2$。由此可见，对于一个模数为12的循环系统来说，加2和减10的效果是一样的。因此，在以12为模的系统中，凡是减 10 的运算都可以用加 2 来代替,这就把减法问题转化成加法问题了。计算机的硬件结构中只有加法器,所以大部分的运算都必须最终转换为加法。10 和 2 对模 12 而言互为补数。

同理,计算机的运算部件与寄存器都有一定字长的限制(假设字长为 8),因此它的运算也是一种模运算。当计数器计满 8 位也就是 256 个数后会产生溢出,又从头开始计数。产生溢出的量就是计数器的模,显然,8 位二进制数,它的模数为 $2^8=256$。在计算中,两个互补的数称为"补码"。

(2)补码的表示:

正数:正数的补码和原码相同。

负数:负数的补码则是符号位为"1",数值部分按位取反后再在末位(最低位)加 1。也就是"反码 +1"。

如果计算机的字长为 n 位,n 位二进制数的最高位为符号位,其余 n - 1 位为数值位,采用补码表示法时,可表示的数 X 的范围是:$-2^{n+1} \leqslant X \leqslant 2^{n-1}-1$

与原码、反码不同,数值 0 的补码只有一个,即,$[0]_{补}=00000000B$。

当 n = 8 时,可表示的有符号数的范围为 - 128 ~ + 127。

补码的设计目的是:

①采用补码后,可以方便地将减法运算转化成加法运算,运算过程得到简化。正数的补码即是它所表示的数的真值,而负数的补码的数值部分却不是它所表示的数的真值。采用补码进行运算,所得结果仍为补码。

②减法运算转换为加法运算可以进一步简化计算机中运算器的线路设计。

③若字长为 8 位,则补码所表示的范围为 - 128 ~ + 127;进行补码运算时,应注意所得结果不应超过补码所能表示数的范围。

两个有符号数进行加法运算时,如果运算结果超出可表示的有符号数的范围时,就会发生溢出,使计算结果出错。很显然,溢出只能出现在两个同符号数相加或两个异符号数相减的情况下。

对于加法运算,如果次高位(数值部分最高位)形成进位加入最高位,而最高位(符号位)相加(包括次高位的进位)却没有进位输出时;或者反过来,次高位没有进入最高位,但最高位却有进位输出时,都将发生溢出。因为这两种情况是:两个正数相加,结果趣出了范围,形式上变成了负数;两负数相加,结果超出了范围,形式上变成了正数。而对于减法运算,当次高位不需从最高位借位,但最高位却需借位(正数减负数,差超出范围),或者反过来,次高位需从最高位借位。

4. BCD 编码

即 BCD 代码,简称 BCD(Binary-Coded Decimal),或二—十进制代码,也称二进码十进数。是一种二进制的数字编码形式,用二进制编码的十进制代码表示。这种编码形式利用了四个二进制数作为代码来储存一个十进制的数码,使二进制和十进制之间的转换得以快捷地进行。

这种编码的方法是用 4 位二进制码的组合代表十进制数的 0,1,2,3,4,5,6 ,7,8,9 十个数符。4 位二进制数码有 16 种组合,原则上可任选其中的 10 种作为代码,分别代表十进制中的 0,1,2,3,4,5,6,7,8,9 这十个数符。最常用的 BCD 编码,就是使用"0"至"9"这十个数值的二进码来表示。这种编码方式,称之为"BCD8421 码"。

(1)BCD 码与十进制数的转换

BCD 码与十进制数的转换关系直观,相互转换也很简单。将十进制数 75.4 转换为 BCD 码,如:

$$75.4 = (0111\ (0101.0100))_{BCD}$$

若将 BCD 码 1000 0101.0101 转换为十进制数,如:$(1000\ 0101.0101)_{BCD} = 85.5$。

注意:同一个 8 位二进制代码表示的数,当认为它表示的是二进制数和认为它表示的是二进制编码的十进制数时,数值是不相同的。

例如:00011000,当把它视为二进制数时,其值为 24;但作为 2 位 BCD 码时, 其值为 18。

又例如:00011100,如将其视为二进制数,其值为 28,但不能当成 BCD 码,因为在 8421BCD 码中,它是个非法编码。

(2)BCD 码的格式

计算机中的 BCD 码,经常使用的有两种格式,即压缩 BCD 码与非压缩 BCD 码。

压缩 BCD 码的每一位用 4 位二进制表示,一个字节表示两位十进制数。

例如:10010110B 表示十进制数 96D;非压缩 BCD 码用 1 个字节表示一位十进制数,高四位总是 0000,低 4 位的 0000 ~ 1001 表示 0 ~ 9。例如:00001000B 表示十进制数 8。

(3)BCD 码的加减运算

由于编码是将每个十进制数用一组 4 位二进制数来表示,因此,若将这种 BCD 码直接交计算机去运算,由于计算机总是把数当作二进制数来运算,所以结果可能会出错。例如:用 BCD 码求 38 + 49。

解决的办法是对二进制加法运算的结果采用“加 6 修正”,这种修正称为 BCD 调整。即将二进制加法运算的结果修正为 BCD 码加法运算的结果,两个两位 BCD 数相加时,对二进制加法运算结果采用修正规则进行修正。修正规则:

①如果任何两个对应位 BCD 数相加的结果向高一位无进位,若得到的结果小于或等于 9,则该结果不需修正;若得到的结果大于 9 且小于 16 时,该位进行加 6 修正。

②如果任何两个对应位 BCD 数相加的结果向高一位有进位时(即结果大于或等于 16),该位进行加 6 修正。

③低位修正结果使高位大于 9 时,高位进行加 6 修正。

下面通过例题验证上述规则的正确性:

用 BCD 码求 35 + 21;用 BCD 码求 25 + 37;用 BCD 码求 38 + 49;用 BCD 码求 42 + 95;

用 BCD 码求 91 + 83;用 BCD 码求 94 + 7;用 BCD 码求 76 + 45。

两个组合 BCD 码进行减法运算时,当低位向高位有借位时,由于“借一作十六”与“借一作十”的差别,将比正确的结果多 6,所以有借位时,可采用“减 6 修正法”来修正。两个 BCD 码进行加减时,先按二进制加减指令进行运算,再对结果用 BCD 调整指令进行调整,就可得到正确的十进制运算结果。实际上,计算机中既有组合 BCD 数的调整指令,也有分离 BCD 数的调整指令。另外,BCD 码的加减运算,也可以在运算前由程序先变换成二进制数,然后由计算机对二进制数运算处理,运算以后再将二进制数结果由程序转换为 BCD 码。

5. ASCII 码

ASCII 码英文全称 America Standard Code for Information Interchange,中文意思:美国信息交换标准码。它已被国际标准化组织(ISO)定为国际标准,称为 ISO 646 标准。适用于所有拉丁文字字母。ASCII码有7位码和8位码两种形式。ASCII码于1968年提出,用于在不同计算机硬件和软件系统中实现数据传输标准化,在大多数的小型机和全部的个人计算机都使用此码。ASCII码划分为两个集合:128个字符的标准ASCII码和附加的128个字符的扩充ASCII码。ASCII码表如附表A-1所示。

ASCII码表 附表A-1

	0	1	2	3	4	5	6	7	8	9	A	B	C	D	E	F
0	NUL	SOH	STX	ETX	EOT	ENQ	ACK	BEL	BS	HT	LF	VT	FF	CR	SO	SI
1	DLE	DC1	DC2	DC3	DC4	NAK	SYN	ETB	CAN	EM	SUB	ESC	FS	GS	RS	US
2	SPC	!	"	#	$	%	&	'	(	)	*	+	,	-	.	/
3	0	1	2	3	4	5	6	7	8	9	:	;	<	=	>	?
4	@	A	B	C	D	E	F	G	H	I	J	K	L	M	N	O
5	P	Q	R	S	T	U	V	W	X	Y	Z	[	\	]	^	_
6	'	a	b	c	d	e	f	g	h	i	j	k	l	m	n	o
7	p	q	r	s	t	u	v	w	x	y	z	{	|	}	~	DEL

因为1位二进制数可以表示($2^1=2$)2种状态:0、1;而2位二进制数可以表示($2^2=4$)4种状态:00、01、10、11;依此类推,7位二进制数可以表示($2^7=128$)128种状态。每种状态都唯一地编为一个7位的二进制码,对应一个字符(或控制码),这些码可以排列成一个十进制序号0~127。所以,7位ASCII码是用七位二进制数进行编码的,可以表示128个字符。

第0~32号及第127号(共34个)是控制字符或通信专用字符,如控制符:LF(换行)、CR(回车)、FF(换页)、DEL(删除)、BEL(振铃)等;通信专用字符:SOH(文头)、EOT(文尾)、ACK(确认)等;

第33~126号(共94个)是字符,其中第48~57号为0~9十个阿拉伯数字;65~90号为26个大写英文字母,97~122号为26个小写英文字母,其余为一些标点符号、运算符号等。

在计算机的存储单元中,一个ASCII码值占一个字节(8个二进制位),其最高位(b7)用作奇偶校验位。所谓奇偶校验,是指在代码传送过程中用来检验是否出现错误的一种方法,一般分奇校验和偶校验两种。奇校验规定:正确的代码一个字节中1的个数必须是奇数,若非奇数,则在最高位b7添1;偶校验规定:正确的代码一个字节中1的个数必须是偶数,若非偶数,则在最高位b7添1。

附录 B　80C51 单片机中断系统及定时器/计数器

引起 CPU 中断的根源,称为中断源。中断源向 CPU 提出中断请求。CPU 暂时中断原来的事务 A,转去处理事件 B。对事件 B 处理完毕后,再回到原来被中断的地方(即断点),称为中断返回。实现上述中断功能的部件称为中断系统(中断机构)。

80C51 的中断系统有 5 个中断源,2 个优先级,可实现二级中断嵌套(就是可以在嵌套过程中再次响应嵌套)。

1. 中断源

(1)INT0(P3.2),外部中断 1。可由 IT0(TCON.0)选择其为低电平有效还是下降沿有效。当 CPU 检测到 P3.2 引脚上出现有效的中断信号时,中断标志 IE0(TCON.1)置 1,向 CPU 申请中断。

(2)INT1(P3.3),外部中断 2。可由 IT1(TCON.2)选择其为低电平有效还是下降沿有效。当 CPU 检测到 P3.3 引脚上出现有效的中断信号时,中断标志 IE1(TCON.3)置 1,向 CPU 申请中断。

(3)TF0(TCON.5),片内定时/计数器 T0 溢出中断请求标志。当定时/计数器 T0 发生溢出时,置位 TF0,并向 CPU 申请中断。

(4)TF1(TCON.7),片内定时/计数器 T1 溢出中断请求标志。当定时/计数器 T1 发生溢出时,置位 TF1,并向 CPU 申请中断。

(5)RI(SCON.0)或 TI(SCON.1),串行口中断请求标志。当串行口接收完一帧串行数据时置位 RI,或当串行口发送完一帧串行数据时置位 TI,向 CPU 申请中断。

2. 中断请求标志

(1)TCON 的中断标志寄存器

位	7	6	5	4	3	2	1	0	
字节地址:88H	TF1	TR1	TF0	TR0	IE1	IT1	IE0	IT0	TCON

IT0(TCON.0):外部中断 0 触发方式控制位。

- 当 IT0 =0 时:为电平触发方式。
- 当 IT0 =1 时:为边沿触发方式(下降沿有效)。

IE0(TCON.1):外部中断 0 中断请求标志位。

IT1(TCON.2):外部中断 1 触发方式控制位。

IE1(TCON.3):外部中断 1 中断请求标志位。

TF0(TCON.5):定时/计数器 T0 溢出中断请求标志位。

TF1(TCON.7):定时/计数器 T1 溢出中断请求标志位。

(2)SCON 的中断标志

位	7	6	5	4	3	2	1	0	
字节地址：98H							TI	RI	SCON

RI(SCON.0),串行口接收中断标志位。当允许串行口接收数据时,每接收完一个串行帧,由硬件置位 RI。同样,RI 必须由软件清除。

TI(SCON.1),串行口发送中断标志位。当 CPU 将一个发送数据写入串行口发送缓冲器时,就启动了发送过程。每发送完一个串行帧,由硬件置位 TI。CPU 响应中断时,不能自动清除 TI,TI 必须由软件清除。

3. 中断的控制寄存器

(1)中断允许控制

CPU 对中断系统所有中断以及某个中断源的开放和屏蔽是由中断允许寄存器 IE 控制的。

位	7	6	5	4	3	2	1	0	
字节地址：A8H	EA			ES	ET1	EX1	ET0	EX0	IE

- EX0(IE.0):外部中断 0 允许位;
- ET0(IE.1):定时/计数器 T0 中断允许位;
- EX1(IE.2):外部中断 0 允许位;
- ET1(IE.3):定时/计数器 T1 中断允许位;
- ES(IE.4):串行口中断允许位;
- EA (IE.7): CPU 中断允许(总允许)位。

(2)中断优先级控制寄存器

80C51 单片机有两个中断优先级,即可实现二级中断服务嵌套。每个中断源的中断优先级都是由中断优先级寄存器 IP 中的相应位的状态来规定的。

位	7	6	5	4	3	2	1	0	
字节地址：B8H			PT2	PS	PT1	PX1	PT0	PX0	IP

- PX0(IP.0):外部中断 0 优先级设定位;
- PT0(IP.1):定时/计数器 T0 优先级设定位;
- PX1(IP.2):外部中断 0 优先级设定位;
- PT1(IP.3):定时/计数器 T1 优先级设定位;
- PS (IP.4):串行口优先级设定位;
- PT2(IP.5):定时/计数器 T2 优先级设定位。

中断优先级规则:

- CPU 同时接收到几个中断时,首先响应优先级别最高的中断请求。
- 正在进行的中断过程不能被新的同级或低优先级的中断请求所中断。
- 正在进行的低优先级中断服务,能被高优先级中断请求所中断。

4. 中断系统的总结

TCON 和 SCON 是中断请求,以及控制外部中断的有效方式。IE 控制是否允许 CPU 响应中断,是否允许响应某一个中断。IP 控制中断的优先级。

中断处理的过程大致可分为四步:中断请求、中断响应、中断服务和中断返回。

5. 单片机定时器/计数器

80C51 单片机内部设有两个 16 位的可编程定时器/计数器。可编程的意思是指其功能(如工作方式、定时时间、量程、启动方式等)均可由指令来确定和改变。在定时器/计数器中除了有两个 16 位的计数器之外,还有两个特殊功能寄存器(控制寄存器和方式寄存器),如附图 B-1 所示。

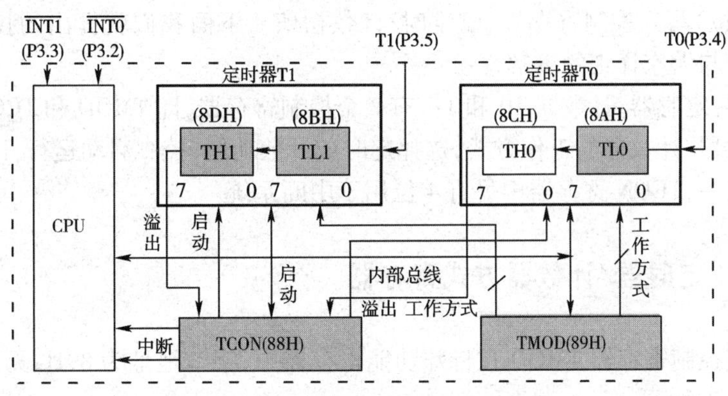

附图 B-1　80C51 单片机定时器/计数器结构原理图

从附图 B-1 所示,定时器/计数器的结构图中我们可以看出,16 位的定时/计数器分别由两个 8 位专用寄存器组成,即:T0 由 TH0 和 TL0 构成;T1 由 TH1 和 TL1 构成。其访问地址依次为 8AH - 8DH。每个寄存器均可单独访问。这些寄存器是用于存放定时或计数初值的。此外,其内部还有一个 8 位的定时器方式寄存器 TMOD 和一个 8 位的定时控制寄存器 TCON。这些寄存器之间是通过内部总线和控制逻辑电路连接起来的。TMOD 主要是用于选定定时器的工作方式; TCON 主要是用于控制定时器的启动停止。此外 TCON 还可以保存 T0、T1 的溢出和中断标志。当定时器工作在计数方式时,外部事件通过引脚 T0 (P3.4)和 T1(P3.5)输入。

定时计数器的原理:

当定时器/计数器为定时工作方式时,计数器的加 1 信号由振荡器的 12 分频信号产生,即每过一个机器周期,计数器加 1,直至计满溢出为止。显然,定时器的定时时间与系统的振荡频率有关。因一个机器周期等于 12 个振荡周期,所以计数频率 fcount = 1/12osc。如果晶振为 12MHz,则计数周期为:

$$T = 1/(12 \times 106)\,Hz \times 1/12 = 1\mu s$$

这是最短的定时周期。若要延长定时时间,则需要改变定时器的初值,并要适当选择定时器的长度(如 8 位、13 位、16 位等)。

当定时器/计数器为计数工作方式时,通过引脚 T0 和 T1 对外部信号计数,外部脉冲的下降沿将触发计数。计数器在每个机器周期的 S5P2 期间采样引脚输入电平。若一个机器周期采样值为 1,下一个机器周期采样值为 0,则计数器加 1。此后的机器周期 S3P1 期间,新的计数值装入计数器。所以检测一个由 1 至 0 的跳变需要两个机器周期,故外部事件的最高计数频率为振荡频率的 1/24。例如,如果选用 12MHz 晶振,则最高计数频率为 0.5MHz。虽然对外部输入信号的占空比无特殊要求,但为了确保某给定电平在变化前至少被采样一次,外部计数脉冲的高电平与低电平保持时间均需在一个机器周期以上。

当 CPU 用软件给定时器设置了某种工作方式之后,定时器就会按设定的工作方式独立运行,不再占用 CPU 的操作时间,除非定时器计满溢出,才可能中断 CPU 当前操作。CPU 也可以重新设置定时器工作方式,以改变定时器的操作。由此可见,定时器是单片机中效率高而且工作灵活的部件。

综上所述,我们已知定时器/计数器是一种可编程部件,所以在定时器/计数器开始工作之前,CPU 必须将一些命令(称为控制字)写入定时器/计数器。将控制字写入定时器/计数器的过程叫定时器/计数器初始化。在初始化过程中,要将工作方式控制字写入方式寄存器,工作状态字(或相关位)写入控制寄存器,赋定时/计数初值。下面我们就提出的控制字的格式及各位的主要功能与大家详细的讲解。

控制寄存器:定时器/计数器 T0 和 T1,有 2 个控制寄存器,即 TMOD 和 TCON,它们分别用来设置各个定时器/计数器的工作方式,选择定时或计数功能,控制启动运行,以及作为运行状态的标志等。其中,TCON 寄存器中另有 4 位用于中断系统。

6. TMOD 定时器/计数器方式寄存器

定时器方式控制寄存器 TMOD 在特殊功能寄存器中,字节地址为 89H,无位地址。TMOD 的格式如附图 B-2 所示。

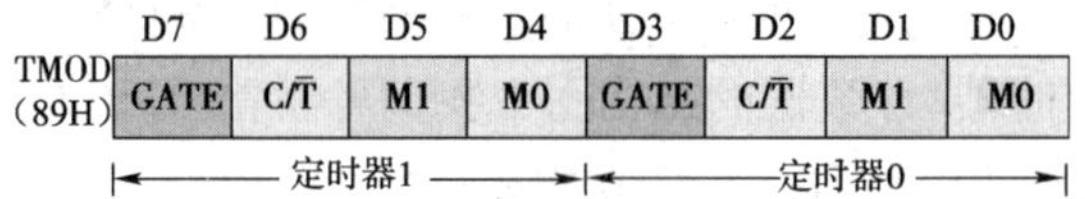

附图 B-2 TMOD 格式

由附图 B-2 可见,TMOD 的高 4 位用于 T1;低 4 用于 T0,4 种符号的含义如下:

GATE:门控制位。GATE 和软件控制位 TR、外部引脚信号 INT 的状态,共同控制定时器/计数器的打开或关闭。

C/T:定时器/计数器选择位。C/T =1,为计数器方式;C/T =0,为定时器方式。

M1M0:工作方式选择位,定时器/计数器的 4 种工作方式由 M1M0 设定,如附表 B-1 所示。

M1M0 工作方式及功能 附表 B-1

M1M0	工作方式	功能描述
00	方式 0	13 位计数器
01	方式 1	16 位计数器
10	方式 2	自动再装入 8 位计数器
11	方式 3	定时器 0:分成两个 8 位计数器;定时器 1:停止计数

定时器/计数器方式控制寄存器 TMOD 不能进行位寻址,只能用字节传送指令设置定时器工作方式。低半字节定义为定时器 0,高半字节定义为定时器 1。复位时,TMOD 所有位均为 0。

例如:设定定时器 1 为定时工作方式,要求软件启动定时器 1 按方式 2 工作。定时器 0 为计数方式,要求由软件启动定时器 0,按方式 1 工作。

第一个问题:确定控制定时器 1 工作在定时方式或计数方式的控制位。C/T 位(D6)是定时或计数功能选择位,当 C/T =0 时定时/计数器就为定时工作方式。所以要使定时/计数器 1 工作在定时器方式就必须使 D6 为 0。

第二个问题:设定定时器 1 按方式 2 工作。从附表 B-2 中可以看出,要使定时/计数器 1 工作在方式 2,M0(D4)、M1(D5)的值必须是 1、0。

第三个问题:设定定时器 0 为计数方式。与第一个问题一样,定时器/计数器 0 的工作方式选择位也是 C/T(D2)。当 C/T =1 时,就工作在计数器方式。

第四个问题:由软件启动定时器 0,前面已讲过,当门控位 GATE =0 时,定时器/计数器的启停就由软件控制。

第五个问题:设定定时/计数器工作在方式 1,使定时器/计数器 0 工作在方式 1,M0(D0)、M1(D1)的值必须是 0、1。

从上面的分析我们可以知道,只要将 TMOD 的各位,按规定的要求设置好后,定时器/计数器就会按我们预定的要求工作。我们分析的这个例子最后结果如下:

D7	D6	D5	D4	D3	D2	D1	D0
0	0	1	0	0	1	0	1

7. TCON 定时器/计数器控制寄存器

TCON 在特殊功能寄存器中,字节地址为 88H,位地址(由低位到高位)为 88H ~ 8FH,由于有位地址,所以便于进行位操作。

TCON 的作用是控制定时器的启、停,标志定时器溢出和中断情况。

TCON 的格式如附图 B-3 所示。其中,TFl、TRl、TF0 和 TR0 位用于定时器/计数器;IEl、ITl、IE0 和 IT0 位用于中断系统。

	8FH	8EH	8DH	8CH	8BH	8AH	89H	88H
TCON (88H)	TF1	TR1	TF0	TR0	IE1	IT1	IE0	IT0

附图 B-3　TCON 格式

TCON 各位定义如下:

TF1:定时器 1 溢出标志位。当定时器 1 计满溢出时,由硬件使 TF1 置“1”,并且申请中断。进入中断服务程序后,由硬件自动清“0”,在查询方式下用软件清“0”。

TR1:定时器 1 运行控制位。由软件清“0”关闭定时器 1。当 GATE =1,且 INT1 为高电平时,TR1 置“1”启动定时器 1;当 GATE =0,TR1 置“1”启动定时器 1。

TF0:定时器 0 溢出标志。其功能及操作情况同 TF1。

TR0:定时器 0 运行控制位。其功能及操作情况同 TR1。

IE1:外部中断 1 请求标志。

IT1:外部中断 1 触发方式选择位。

IE0:外部中断 0 请求标志。

IT0:外部中断 0 触发方式选择位。

TCON 中低 4 位与中断有关。由于 TCON 是可以位寻址的，因而如果只清除溢出或启动定时器工作，可以用位操作命令。例如：执行“CLR TF0”后则清定时器 0 的溢出；执行“SETB TR1”后可启动定时器 1 开始工作（当然前面还要设置方式）。

8. 定时器/计数器的初始化

由于定时器/计数器的功能是由软件编程确定的，所以一般在使用定时/计数器前都要对其进行初始化，使其按设定的功能工作。初始化的步骤一般如下：

（1）确定工作方式（即对 TMOD 赋值）。

（2）预置定时或计数的初值（可直接将初值写入 TH0、TL0 或 TH1、TL1）。

（3）根据需要开放定时器/计数器的中断（直接对 IE 位赋值）。

（4）启动定时器/计数器。若已规定用软件启动，则可把 TR0 或 TR1 置“1”；若已规定由外中断引脚电平启动，则需给外引脚步加启动电平。当实现了启动要求后，定时器即按规定的工作方式和初值开始计数或定时。

附录C　C语言概要归纳

该附录仅对C语言知识作个概述,内容不仅包括教材中讲解到的知识点,也包括与之相关但未详细讲解的知识点。

1. C语言概述

C语言是在20世纪70年代初问世的。1978年由美国电话电报公司(AT&T)贝尔实验室正式发表了C语言。同时由B. W. Kernighan和D. M. Ritchit合著了著名的《THE C PROGRAMMING LANGUAGE》一书,通常简称为《K&R》,也有人称之为《K&R》标准。但是,在《K&R》中并没有定义一个完整的标准C语言。后来由美国国家标准协会(American National Standards Institute)在此基础上制定了一个C语言标准,于1983年发表,通常称之为ANSI C。

由于C语言的强大功能和各方面的优点逐渐为人们认识,很快在各类大、中、小和微型计算机上得到了广泛的使用,成为当代最优秀的程序设计语言之一。

2. 数据类型、运算符与表达式

1)数据类型

所谓数据类型是按被定义变量的性质、表示形式、占据存储空间的多少、构造特点来划分的。在C语言中,数据类型可分为:基本数据类型、构造数据类型、指针类型、空类型四大类,如附图C-1所示。

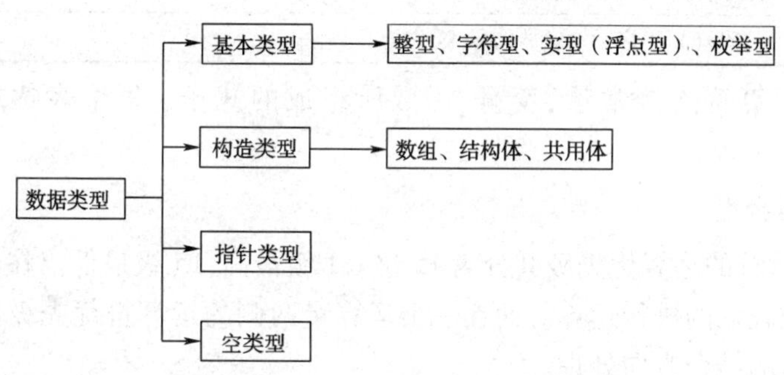

附图C-1　数据类型

基本数据类型最主要的特点是:其值不可以再分解为其他类型。也就是说,基本数据类型是自我说明的。

构造数据类型:是根据已定义的一个或多个数据类型用构造的方法来定义的。也就是说,一个构造类型的值可以分解成若干个"成员"或"元素"。每个"成员"都是一个基本数据类型或又是一个构造类型。

指针类型:是一种特殊的,同时又是具有重要作用的数据类型。其值用来表示某个变量在内存储器中的地址。虽然指针变量的取值类似于整型量,但这是两个类型完全不同的量,因此不能混为一谈。

空类型:在调用函数时,通常应向调用者返回一个函数值。这个返回的函数值是具有一定的数据类型的,应在函数定义及函数说明中给予说明。但是,也有一类函数,调用后并不需要向调用者返回函数值,这种函数可以定义为“空类型”。

2)常量与变量

对于基本数据类型量,按其取值是否可改变又分为常量和变量两种。

在程序执行过程中,其值不发生改变的量称为常量,其值可变的量称为变量。它们可与数据类型结合起来分类。例如,可分为整型常量、整型变量、浮点常量、浮点变量、字符常量、字符变量、枚举常量、枚举变量。在程序中,常量是可以不经说明而直接引用的,而变量则必须先定义后使用。

3)运算符与表达式

C 语言的运算符可细分为几类,见附表 C-1。

C 语言的运算符种类 附表 C-1

名　称	内　容
算术运算符	加(+)、减(-)、乘(*)、除(/)、求余(%)、自增(++)、自减(--)
关系运算符	大于(>)、小于(<)、等于(= =)、大于等于(>=)、小于等于(<=)、不等于(! =)
逻辑运算符	与(&&)、或(||)、非(!)
位操作符	位与(&)、位或(|)、位非(~)、位异或(^)、左移(<<)、右移(>>)
赋值运算符	简单赋值(=)、复合算术赋值(+=、-=、*=、/=、%=)、复合位运算赋值(&=、|=、^|、>>=、<<=)
条件运算符	用于条件求值:? 和:
逗号运算符	用于把若干个表达式组合成一个表达式
指针运算符	取内容(*)、取地址(&)
特殊运算符	括号()、下标[ ]、成员(. 、→)

表达式是由运算符连接常量、变量、函数所组成的式子。每个表达式都有一个值和类型。

4)优先级与结合性

C 语言中,运算符的运算优先级共分为 15 级。1 级最高,15 级最低。在表达式中,优先级较高的先于优先级较低的进行运算。而在一个运算量两侧的运算符优先级相同时,则按运算符的结合性所规定的结合方向处理。

C 语言中各运算符的结合性分为两种,即左结合性(自左至右)和右结合性(自右至左)。例如算术运算符的结合性是自左至右,即先左后右。如有表达式 x-y+z 则 y 应先与“-”号结合,执行 x-y 运算,然后再执行 +z 的运算。这种自左至右的结合方向就称为“左结合性”。而自右至左的结合方向称为“右结合性”。最典型的右结合性运算符是赋值运算符。如 x=y=z,由于“=”的右结合性,应先执行 y=z 再执行 x=(y=z)运算。C 语言运算符中有不少为右结合性,应注意区别,以避免理解错误。

一般而言,单目运算符优先级较高,赋值运算符优先级低。算术运算符优先级较高,关系和逻辑运算符优先级较低。多数运算符具有左结合性,单目运算符、三目运算符、赋值运算符具有右结合性。

3. 分支结构程序

在程序中经常需要比较两个量的大小关系，以决定程序下一步的工作。比较两个量的运算符称为关系运算符。

1）关系运算符与关系表达式

关系运算符都是双目运算符，其结合性均为左结合。关系运算符的优先级低于算术运算符，高于赋值运算符。在六个关系运算符中，<、< =、>、> =的优先级相同，高于= =和! =，= =和! =的优先级。

关系表达式的一般形式为：**表达式　关系运算符　表达式**

关系表达式的值是“真”和“假”，用“1”和“0”表示。

2）逻辑运算符与逻辑表达式

与运算符（&&）和或运算符（||）均为双目运算符，具有左结合性。非运算符（!）为单目运算符，具有右结合性。逻辑运算符和其他运算符优先级的关系可表示如下：

!
算术运算符
关系运算符
&&和‖
赋值运算符

逻辑运算的值也为“真”和“假”两种，用“1”和“0”来表示。

逻辑表达式的一般形式为：**表达式　逻辑运算符　表达式**

3）if 语句

if 语句的三种形式：

```
if(表达式)
    语句;
```

if 形式

```
if(表达式)
    语句1;
else
    语句2;
```

if...else 形式

```
if(表达式1)
        语句1;
else if(表达式2)
        语句2;
else if(表达式3)
        语句3;
……
else if(表达式m)
        语句m;
else
        语句n;
```

if...else...if 形式

4）条件运算符和条件表达式

三目运算符，即有三个参与运算的量，由条件运算符组成条件表达式的一般形式为：

表达式1?　　表达式2:　　表达式3

5) switch 语句

用于多分支选择的 switch 语句, 其一般形式为:

```
switch(表达式){
    case 常量表达式1: 语句1;
    case 常量表达式2: 语句2;
          …
    case 常量表达式n: 语句n;
      default : 语句n+1;
      }
```

4. 循环控制

1) while 语句

while 语句的一般形式为:

while(表达式)　　语句

while 语句的语义是:计算表达式的值,当值为真(非0)时,执行循环体语句。可用附图C-2表示执行过程。

2) do…while 语句

do…while 语句的一般形式为:

```
do
    语句
while(表达式);
```

这个循环与 while 循环的不同在于:它先执行循环中的语句,然后再判断表达式是否为真,如果为真则继续循环;如果为假,则终止循环。因此,do…while 循环至少要执行一次循环语句。其执行过程可用附图 C-3 表示。

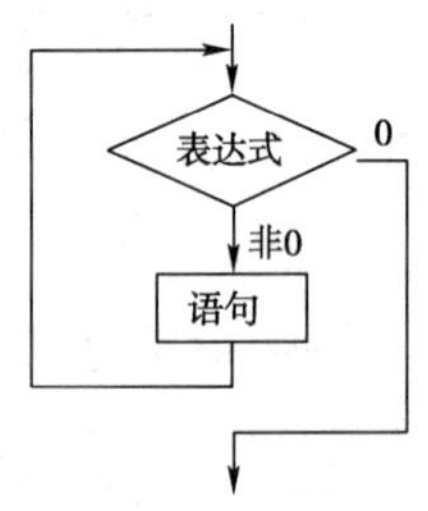

附图 C-2　while 执行过程

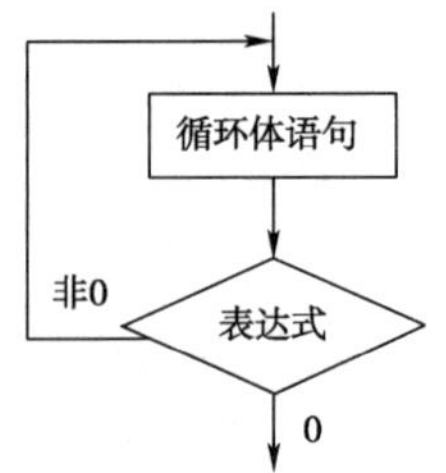

附图 C-3　do…while 执行过程

3) for 语句

for 语句使用最为灵活,它的一般形式为:

```
for(表达式1;表达式2;表达式3)
    语句
```

其执行过程可用附图 C-4 表示:

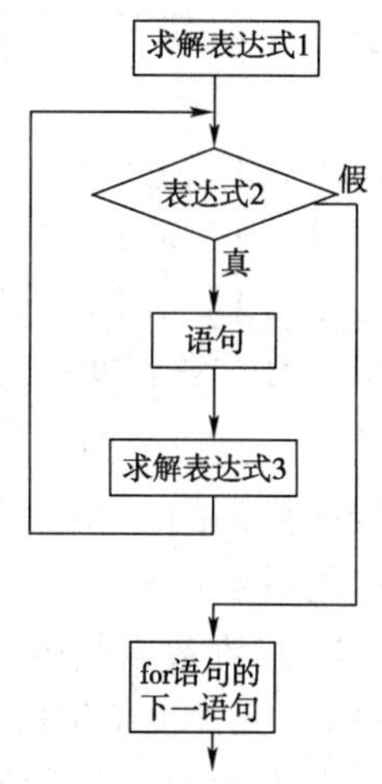

附图 C-4　for 执行过程

for 语句最简单的应用形式也是最容易的理解形式如下：

for(循环变量赋初值;循环条件;循环变量增量)

语句

5. 数组

在程序设计中,为了处理方便,把具有相同类型的若干变量按有序的形式组织起来。这些按序排列的同类数据元素的集合称为数组。

在 C 语言中,数组属于构造数据类型。一个数组可以分解为多个数组元素,这些数组元素可以是基本数据类型或是构造类型。因此按数组元素的类型不同,数组又可分为数值数组、字符数组、指针数组、结构数组等各种类别。

1)一维数组的定义和引用

在 C 语言中使用数组必须先进行定义。一维数组的定义方式为：

类型说明符　　数组名[常量表达式];

数组元素是组成数组的基本单元。数组元素也是一种变量,其标识方法为数组名后跟一个下标。下标表示了元素在数组中的顺序号。数组元素的一般形式为：

数组名[下标]

其中下标只能为整型常量或整型表达式。如为小数时,系统将自动取整。

2)二维数组的定义和引用

前面介绍的数组只有一个下标,称为一维数组,其数组元素也称为单下标变量。在实际问题中有很多量是二维的或多维的,因此 C 语言允许构造多维数组。多维数组元素有多个下标,以标识它在数组中的位置,所以也称为多下标变量。

二维数组定义的一般形式是：

类型说明符　　数组名[常量表达式 1][常量表达式 2];

其中常量表达式 1 表示第一维下标的长度,常量表达式 2 表示第二维下标的长度。

例如：

```
int a[3][4];
```

说明了一个三行四列的数组,数组名为 a,其下标变量的类型为整型。该数组的下标变量共有 3×4 个,即:

a[0][0],a[0][1],a[0][2],a[0][3]

a[1][0],a[1][1],a[1][2],a[1][3]

a[2][0],a[2][1],a[2][2],a[2][3]

二维数组在概念上是二维的,即是说其下标在两个方向上变化,下标变量在数组中的位置也处于一个平面之中,而不是像一维数组只是一个向量。但是,实际的硬件存储器却是连续编址的,也就是说存储器单元是按一维线性排列的。如何在一维存储器中存放二维数组,可有两种方式:一种是按行排列, 即放完一行之后顺次放入第二行。另一种是按列排列, 即放完一列之后再顺次放入第二列。在 C 语言中,二维数组是按行排列的。即:先存放 a[0]行,再存放 a[1]行,最后存放 a[2]行。每行中有四个元素也是依次存放。由于数组 a 说明为 int 类型,该类型占两个字节的内存空间,所以每个元素均占有两个字节。

二维数组的元素也称为双下标变量,其表示的形式为:

数组名[下标][下标]

6. 函数

函数是 C 源程序的基本模块,通过对函数模块的调用实现特定的功能。C 语言中的函数相当于其他高级语言的子程序。C 语言不仅提供了极为丰富的库函数,还允许用户建立自己定义的函数。用户可把自己的算法编成一个个相对独立的函数模块,然后用调用的方法来使用函数。可以说 C 程序的全部工作都是由各式各样的函数完成的,所以也把 C 语言称为函数式语言。

由于采用了函数模块式的结构,C 语言易于实现结构化程序设计。使程序的层次结构清晰,便于程序的编写、阅读、调试。

从函数定义的角度看,函数可分为库函数和用户定义函数两种。

又可把函数分为有返回值函数和无返回值函数两种。

从主调函数和被调函数之间数据传送的角度看又可分为无参函数和有参函数两种。

还应该指出的是,在 C 语言中,所有的函数定义,包括主函数 main 在内,都是平行的。也就是说,在一个函数的函数体内,不能再定义另一个函数,即不能嵌套定义。但是函数之间允许相互调用,也允许嵌套调用。习惯上把调用者称为主调函数。函数还可以自己调用自己,称为递归调用。

main 函数是主函数,它可以调用其他函数,而不允许被其他函数调用。因此,C 程序的执行总是从 main 函数开始,完成对其他函数的调用后再返回到 main 函数,最后由 main 函数结束整个程序。一个 C 源程序必须有,也只能有一个主函数 main。

7. 预处理命令

在本教材各章节中,已多次使用过以“#”号开头的预处理命令。如包含命令#include,宏定义命令#define 等。在源程序中这些命令都放在函数之外,而且一般都放在源文件的前面,它们称为预处理部分。

所谓预处理是指在进行编译的第一遍扫描(词法扫描和语法分析)之前所做的工作。预处理是 C 语言的一个重要功能,它由预处理程序负责完成。当对一个源文件进行编译时,系统将自动引用预处理程序对源程序中的预处理部分作处理,处理完毕自动进入对源程序的编译。

常用的预处理命令有:

1)宏定义

在 C 语言源程序中允许用一个标识符来表示一个字符串,称为"宏"。被定义为"宏"的标识符称为"宏名"。在编译预处理时,对程序中所有出现的"宏名",都用宏定义中的字符串去代换,这称为"宏代换"或"宏展开"。

宏定义是由源程序中的宏定义命令完成的。宏代换是由预处理程序自动完成的。

在 C 语言中,"宏"分为有参数和无参数两种:

无参数宏定义:**#define　　标识符　　字符串**

"#"表示这是一条预处理命令。凡是以"#"开头的均为预处理命令。"define"为宏定义命令。"标识符"为所定义的宏名。"字符串"可以是常数、表达式等。

有参数宏定义:**#define　　宏名(形参表)　　字符串**

在字符串中含有各个形参。带参宏调用的一般形式为:**宏名(实参表)**;

例如:

```
#define M(y)y*y+3*y                    /*宏定义*/
    ……
k=M(5);                                /*宏调用*/
    ……
```

在宏调用时,用实参 5 去代替形参 y,经预处理宏展开后的语句为:

```
k=5*5+3*5;
```

2)文件包含

文件包含是 C 预处理程序的另一个重要功能。文件包含命令行的一般形式为:

#include "文件名"

教材中已多次用此命令包含过库函数的头文件。例如:

```
#include"uart.h"
#include"LCD.h"
```

文件包含命令的功能是把指定的文件插入该命令行位置取代该命令行,从而把指定的文件和当前的源程序文件连成一个源文件。

在程序设计中,文件包含是很有用的。一个大的程序可以分为多个模块,由多个程序员分别编程。有些公用的符号常量或宏定义等可单独组成一个文件,在其他文件的开头用包含命令包含该文件即可使用。这样,可避免在每个文件开头都去书写那些公用量,从而节省时间,并减少出错。

包含命令中的文件名可以用双引号括起来,也可以用尖括号(< >)括起来。

使用尖括号表示在包含文件目录中去查找(包含目录是由用户在设置环境时设置的),而不在源文件目录去查找;使用双引号则表示首先在当前的源文件目录中查找,若未找到才到包含目录中去查找。用户编程时可根据自己文件所在的目录来选择某一种命令形式。

一个 include 命令只能指定一个被包含文件,若有多个文件要包含,则需用多个 include 命令。文件包含允许嵌套,即在一个被包含的文件中又可以包含另一个文件。

8. 指针

在计算机中,所有的数据都是存放在存储器中的。一般把存储器中的一个字节称为一个内存单元,不同的数据类型所占用的内存单元数不等,如整型量占 2 个单元,字符量占 1 个单元等。

为了正确地访问这些内存单元,必须为每个内存单元编上号。根据一个内存单元的编号即可准确地找到该内存单元。内存单元的编号也叫做地址。既然根据内存单元的编号或地址就可以找到所需的内存单元,所以通常也把这个地址称为指针。内存单元的指针和内存单元的内容是两个不同的概念。对于一个内存单元来说,单元的地址即为指针,其中存放的数据才是该单元的内容。

在 C 语言中,允许用一个变量来存放指针,这种变量称为指针变量。因此,一个指针变量的值就是某个内存单元的地址或称为某内存单元的指针。

指针变量定义的一般形式为:

类型说明符 *变量名;

指针变量同普通变量一样,使用之前不仅要定义说明,而且必须赋予具体的值。未经赋值的指针变量不能使用,否则将造成系统混乱,甚至死机。指针变量的赋值只能赋予地址, 决不能赋予任何其他数据,否则将引起错误。在 C 语言中,变量的地址是由编译系统分配的,对用户完全透明,用户不知道变量的具体地址。

C 语言中提供了地址运算符 & 来表示变量的地址:

& 变量名;

假设:

```
int i = 200, x;
int *ip;
```

定义了两个整型变量 i,x,还定义了一个指向整型数的指针变量 ip。i,x 中可存放整数,而 ip 中只能存放整型变量的地址。我们可以把 i 的地址赋给 ip:

```
ip = &i;
```

此时指针变量 ip 指向整型变量 i,假设变量 i 的地址为 1800,这个赋值可形象理解为附图 C-5 所示的联系:

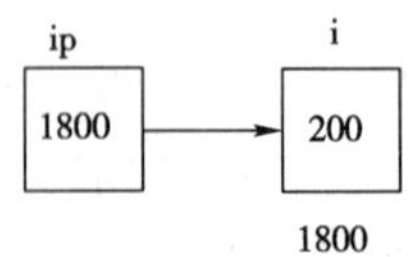

附图 C-5

以后便可以通过指针变量 ip 间接访问变量 i,例如:

```
x = *ip;
```

运算符 * 访问以 ip 为地址的存贮区域,而 ip 中存放的是变量 i 的地址,因此,*ip 访问的是地址为 1800 的存贮区域(因为是整数,实际上是从 1800 开始的两个字节),它就是 i 所占用

的存贮区域,所以上面的赋值表达式等价于:

x = i;

9. 结构体

“结构”是一种构造类型,它是由若干“成员”组成的。每一个成员可以是一个基本数据类型或者又是一个构造类型。结构既是一种“构造”而成的数据类型,那么在说明和使用之前必须先定义它,也就是构造它。如同在说明和调用函数之前要先定义函数一样。

定义一个结构的一般形式为:

struct 结构名

{成员列表};

成员列表由若干个成员组成,每个成员都是该结构的一个组成部分。对每个成员也必须作类型说明,其形式为:**类型说明符 成员名;**

说明结构变量有以下三种方法:

1) 先定义结构,再说明结构变量:

```
struct 结构名
{
    成员列表
}
结构名    变量名;
```

2) 在定义结构类型的同时说明结构变量:

```
struct 结构名
{
    成员列表
}变量名列表;
```

3) 直接说明结构变量:

```
struct
{
    成员列表
}变量名列表;
```

表示结构变量成员的一般形式是:

结构变量名.成员名

10. 位运算

1) 按位与(&)运算

& 是双目运算符。其功能是参与运算的两数各对应的二进位相与。只有对应的两个二进位均为1时,结果位才为1,否则为0。如:

	0	1	0	1	0	1	1	0
&	0	0	0	1	1	1	0	1
	0	0	0	1	0	1	0	0

2)按位或(|)运算

|是双目运算符。其功能是参与运算的两数各对应的二进位相或。只要对应的两个二进位有一个为1时,结果位就为1。如:

	0	1	0	1	0	1	1	0
|	0	0	0	1	1	1	0	1
	0	1	0	1	1	1	1	1

3)按位异或(∧)运算

∧是双目运算符。其功能是参与运算的两数各对应的二进位相异或。当两对应的二进位相异时,结果为1。如:

	0	1	0	1	0	1	1	0
∧	0	0	0	1	1	1	0	1
	0	1	0	0	1	0	1	1

4)求反(~)运算

~为单目运算符,具有右结合性。其功能是对参与运算的数的各二进位按位求反。如:

~	0	1	0	1	0	1	1	0
	1	0	1	0	1	0	0	1

5)左移(< <)运算

< <是双目运算符。其功能把"< <"左边的运算数的各二进位全部左移若干位,由"< <"右边的数指定移动的位数,高位丢弃,低位补0。如x< <3:

< <3	0	1	0	1	0	1	1	0
	1	0	1	1	0	0	0	0

6)右移(> >)运算

> >是双目运算符。其功能是把"> >"左边的运算数的各二进位全部右移若干位,"> >"右边的数指定移动的位数。

对于有符号数,在右移时,符号位将随同移动。当为正数时,最高位补0;而为负数时,符号位为1,最高位是补0或是补1取决于编译系统的规定,Turbo C和很多系统规定为补1。如:

> >3	0	1	0	1	0	1	1	0
	0	0	0	0	1	0	1	0

附录 D　微控制器原理归纳

1. 引言

计算机已经成为许多工业、自动化和消费类产品的核心部件,可以应用在任何场合——超市里的收银机和电子秤,家庭用的烤箱、洗衣机、闹钟、玩具、录像机、打字机、复印机等。在这些应用中,计算机起着控制的作用,它们与“真实世界”交换信息,控制设备的开启与关闭,监控设备的状态。在这些产品中常常会用到微控制器(不同于微型计算机或微处理器)。

微处理器是硅片上的奇迹,它出现的时间还不到 30 年,但是已经很难想象没有它的世界会怎么样。1971 年,Intel 公司发布了第一款成功的微处理器。不久之后,其他公司也发布了类似产品。这些集成电路芯片无法独自发挥作用,但却是组成单板机的核心部件。单板机很快就进入了各个大学和电子公司的设计实验室。

微控制器是与微处理器类似的一种器件。1976 年,Intel 公司推出了 MCS48 微控制器系列的第一个产品:8748。8748 微控制器在一块芯片内集成了一个 CPU(Central Processing Unit,中央处理器)、1KB EPROM(Erasable Programmable Read Only Memory,可擦可编程只读存储器)、64B RAM(Random - access Memory,随机存取存储器),27 个 I/O(Input/Output,输入/输出)端口和一个 8 位定时器。8748 及其后出现的 MCS48 系列的其他产品很快就成为控制场合的工业标准。

在 1980 年,Intel 公司发布的 MCS51 系列的第一款芯片 8051,它的功耗、大小和复杂程度都增加了一个数量级。继 8051 之后,Intel 公司相继推出了 MCS51 系列的其他产品,一些公司也推出了类似的兼容产品。目前,8051 系列已经成为应用最广泛的 8 位微控制器。

2. 一些概念

计算机包括两个重要功能:①能够在程序控制下处理数据,无需人的干预;②能够存储和调用数据。从更为普遍的意义上说,计算机系统还包括了执行人机交互功能的接口处理程序和处理数据的程序。各种设备称为硬件,程序称为软件。

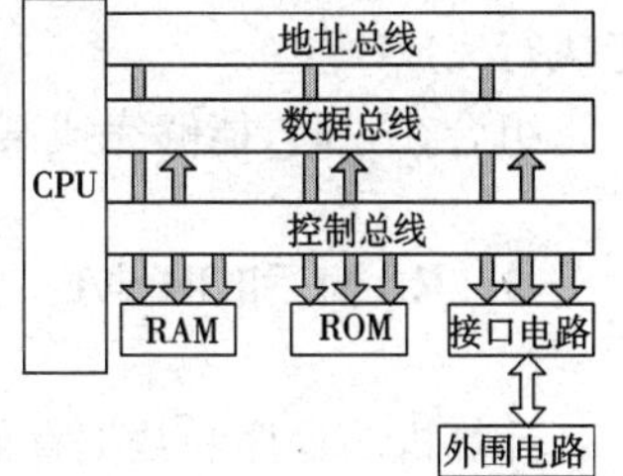

附图 D-1　微型计算机系统框图

附图 D-1 中没有给出系统结构的细节,因此附图 D-1 可以代表所有类型的计算机的结构。根据图中的描述,一个计算机系统包括一个中央处理器(CPU),它通过地址总线、数据总线、控制总线和随机存储器(RAM)、只读存储器(ROM)相连,外围设备通过接口电路连接到系统总线上。

3. 中央处理器(CPU)

CPU 是计算机系统的大脑,负责管理系统的所有活动并执行对数据的所有操作。CPU 并不神秘,仅仅是一堆逻辑电路而已。它不断地重复两件事:接收指令和执行指令。CPU 能够理解并执行由二进制代码组成的指令,每条指令代表一个简单的操作。这些指令通常用来执行数学运算(加、减、乘、除),逻辑运算(与、或、非),移动数据或转移程序,由一组称为指令集的二进制代码来表示。

附图 D-2 是一张非常简单的 CPU 内部结构示意图。其中包括有一组寄存器,用于临时存储信息;一个算术和逻辑单元(Arithmetic and Logic Unit,ALU),用于对信息执行操作;一个指令和控制单元,用于决定 CPU 要执行的操作,把指令译码为完成操作所需要的一系列动作序列。另外还有两个额外的寄存器:指令寄存器(Instruction Register,IR)保存当前正在执行的指令的二进制代码,程序计数器(Program Counter,PC)保存将要执行的下一条指令在存储器中的地址。

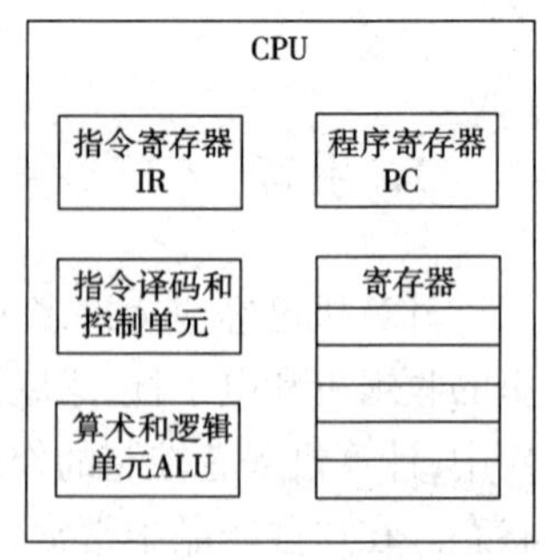

附图 D-2　中央处理器 CPU

从系统 RAM 或 ROM 读取指令是 CPU 最基本的操作之一。这个过程包括以下几个步骤:①程序寄存器中的地址被发送到地址总线上;②发出读取指令;③从 RAM 中读取数据(指令操作码)并发送到数据总线上;④操作码被锁存到 CPU 内部的指令寄存器中;⑤程序寄存器加 1,准备下一次读取。附图 D-3 描述了以上流程。

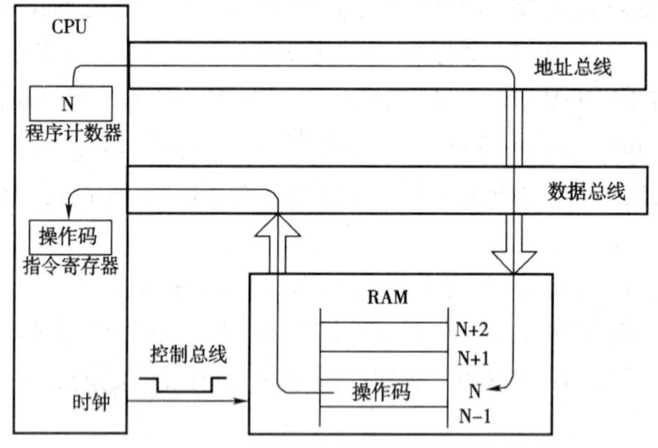

附图 D-3　指令读取流程

在执行阶段,CPU 对操作数进行译码,产生控制信号,在内部寄存器和算术逻辑单元之间进行数据交换,并控制算术逻辑单元执行指定的操作。对于更复杂的指令,则需要多次操作才能执行完成。

组合在一起,能够完成某个有意义的任务的一系列指令就称为程序,也称为软件。

4. RAM 和 ROM

计算机的程序和数据存储在存储器中。由半导体集成电路构成的,可供 CPU 直接访问的存储器有两类:RAM 和 ROM。它们的区别有两点:①RAM 是可读写存储器而 ROM 是只读存储器;②RAM 是易失性存储器(断电后存储内容消失),而 ROM 不是。

5. 地址总线、数据总线和控制总线

总线是用于传送各种信息的一组线路。CPU 的外围连接着 3 种不同的总线:地址总线、数

据总线和控制总线。在每个读写操作过程中,CPU 都会将数据或指令在存储器中的地址放到地址总线上,然后通过控制总线发送一个读或写的信号。读操作从存储器中指令的位置取出一个字节的数据并将它放到数据总线上,CPU 读取该数据并将它送入内部寄存器。执行写操作时,CPU 将数据送到数据总线上,存储器收到写操作控制信号后,把数据存入指定位置。

研究表明,CPU 有效工作时间的2/3 被花费在了移动数据上,数据总线的宽度已经成为计算机性能的标志。如果一台计算机被称为“32 位计算机”则表明它拥有 32 条数据总线。

数据总线是双向传输的,而地址总线是单向传输的。这里所说的“数据”是广义的,在数据总线上传送的所有信息都被称为数据,可能是程序的指令,也可能是某条指令需要的地址,或者是程序要使用的数据。

控制总线由各种不同种类的信号组成,每个信号都有自己的功能,共同控制着系统活动的有序进行。通常控制信号是由 CPU 发出的时序信号,以保持地址总线和数据总线上数据传输的同步。CPU 不同,控制信号的名称和作用也各不相同,但通常而言,CLOCK、READ、WRITE 这三个信号是相同的,它们负责控制 CPU 和存储器之间最基本的数据移动。

6. 微处理器和微控制器

微处理器是单芯片 CPU,而微控制器则在一块集成电路芯片上集成了 CPU 和其他电路,构成了一个完整的微型计算机系统。

微控制器的一个重要特点是内建的中断系统。作为面向控制的设备,微控制器经常要实时响应外界的激励(中断)。微控制器必须执行快速上下文切换,挂起一个进程去执行另一个进程。

微控制器不是用于计算机中,而用于工业和消费品产品中。使用这些产品的人们通常察觉不到微控制器的存在。对于他们来说,产品内部的元件只是无关紧要的设计细节。微波炉、空调、洗衣机、电子秤等都是这样的例子。在这些产品内部,电子元件将微控制器与面板上的按钮、开关、灯等连接在一起,用户看不到微控制器的存在。

计算机系统拥有反复编程的能力,与之不同,微控制器的程序只能固定地执行某个任务。这使得两者的结构有着巨大的差异。计算机系统的 RAM 要比 ROM 大得多,用户程序在相对较大的 RAM 中运行而硬件接口进程在 ROM 中运行;相反,微控制器的 ROM 要比 RAM 大得多。控制程序相对较大,存储在 ROM 中,而 RAM 只是用来临时存储。由于控制程序永久性地存储在 ROM 中,因此也被称作为固件。从持久性来说,固件介于软件(RAM 中的程序,断电后会消失)和硬件(物理电路)之间。软件和硬件之间的差别类似于纸张(硬件)和写在纸上的字(软件)。固件则可比喻为一封为了特定目的而设计的标准格式的信。

附录 E　无焊锡面包板

教学板前端，那块白色的、有许多孔或插座的区域，称之为无焊锡的面包板。面包板连同它两边黑色插座，称之为原型区域（如附图 E-1 所示）。

在面包板插座上插上元器件，比如电阻、LED、扬声器和传感器，就构成了本教材中的例程电路。元器件靠面包板插座彼此连接。在面包板上端有一条黑色的插座，上面标识着“Vcc”、“Vin”和“GND”，称之为电源端口。通过这些端口，你可以给你的电路供电。左边一条黑色的插座从上到下标识着 P10、P11、P12……P37（共 18 个，部分端口并未标出）。通过这些插座，你可以将你搭建的电路与单片机连接起来。

面色板上共有 18 行插座，通过中间槽分为两列。每一小行由五个插座组成，这五个插座在面包板上是电气相连的。根据电路原理图的指示，你可以将元器件通过这些五口插座行连接起来。如果你将两根导线分别插入五口插座行中的任意两个插座中，它们都是电气相连的。

电路原理图就是指引你如何连接元器件的路标。它使用唯一的符号来表示不同的元器件。这些器件符号用导线相连，表示它们是电气相连的。在电路原理图中，当两个器件符号用导线相连时，电气连接就生成。导线还可以连接元器件和电压端口。“Vcc”、“Vin”和“GND”都有自己的符号意义。“GND”对应于教学板的接地端；“Vin”指电池的正极；“Vcc”指校准的 +5V 电压。

如附图 E-2 所示，用示意图表示元器件的连接。元器件符号图的上方就是该元器件的零件示意图。

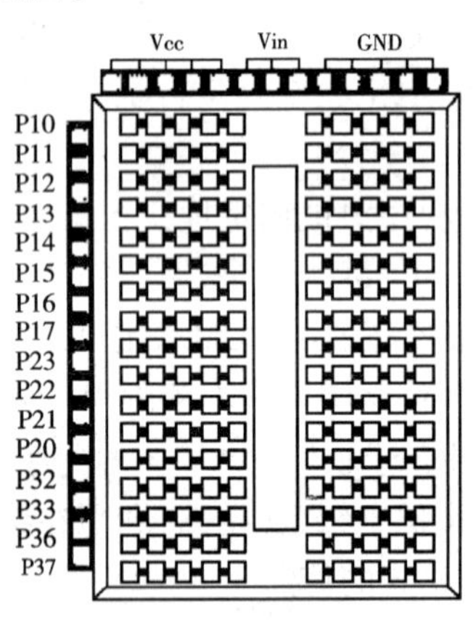

附图 E-1　原型区域

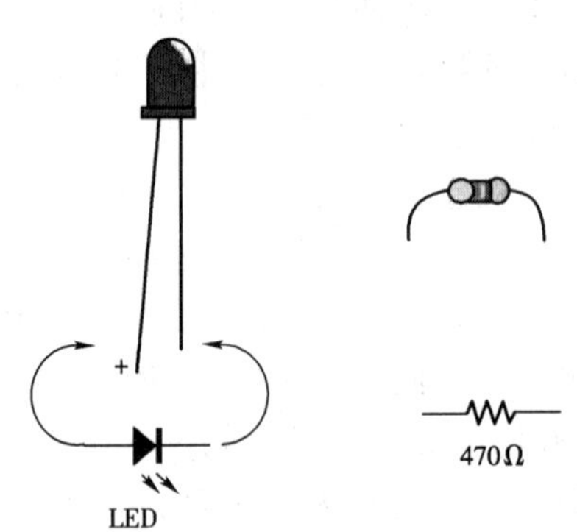

附图 E-2　零件及符号（左边为 LED，右边为 470Ω 电阻）

在附图 E-3 中，左边显示的是某电路原理图，而右边即为该原理图对应的配线图。在电路原理图中请注意：电阻符号的一端是如何与符号 Vcc 相连的。在配线图中，电阻的一端插入了标有 Vcc 的插座中。在电路原理图中，电阻符号的另一端用导线与 LED 符号的正极相连。记住：导线表示两个零件是电气相连的。相应的，在配线图中，电阻的另一端与 LED 的正极插入了同一个五口插座行。这样做使得这两端电气相连。在电路原理图中，LED 符号的另一端与 GND 符号相连。对应的，在配线图中，LED 的另一端插入了标有 GND 的插座中。

附图 E-4 显示的是另一个电路原理图及配线图。在电路原理图中,端口 P11 连接电阻的一端,电阻的另一端与 LED 的正极相连,而 LED 的负极与 GND 相连。与前一个电路原理图相比,该原理图仅有一个连接上的区别:电阻连接 Vcc 的一端现在换成了与单片机端口 P11 相连。看上去可能还有一个细微差别:电阻是水平画出来的,而前一幅图是垂直的。但按照连接上看,只有一个区别:P11 取代了 Vcc。在配线图中,也做了相应处理:电阻之前是插入 Vcc 插座中,而现在是插入了 P11 插座中。

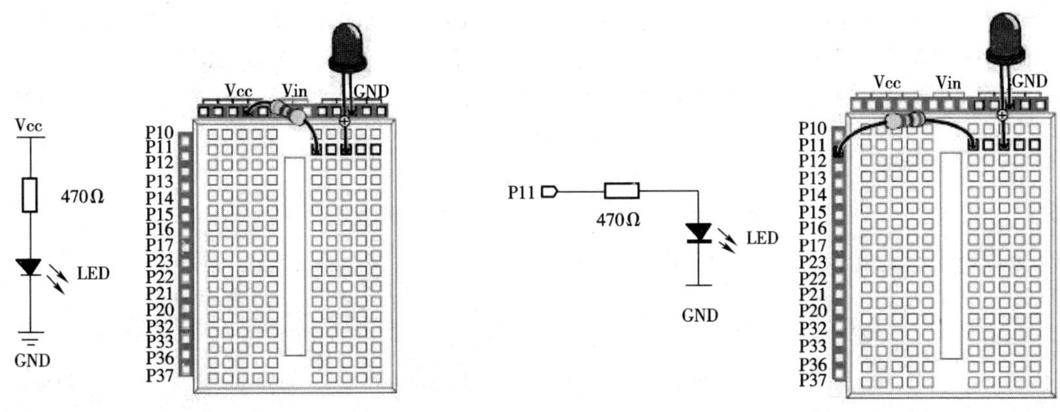

附图 E-3 示意电路原理图及配线图

附图 E-4 示意电路原理图及配线图

参考文献

[1] 张志良.单片机原理与控制技术[M],第2版.北京:机械工业出版社,2007.
[2] 秦志强.C51单片机应用与C语言程序设计[M],第1版.北京:电子工业出版社,2007.
[3] 李全利.单片机原理及应用技术[M],第2版.北京:高等教育出版社,2004.
[4] 李朝青.单片机原理及接口技术[M],简明修订版.北京:北京航天航空大学出版社,1998.